时代精神　Spirit of the time

三联国际
JP International

由北京、香港和上海三联书店共同创办于2012年，
致力整合大中华地区资源，打造具国际视野的多元
文化传播平台。

Co-founded in 2012 by JP Beijing, Hong Kong
and Shanghai, JP International is dedicated to
the establishment of a diversified communica-
tions platform with an international perspective
through the aggregation of resources in the
Greater China area.

恋
食
人
生

三联书店

CONTENTS

01 春

02 夏

03 秋

04 冬

作者 序

撰书时，正临搬家。当时，在往返波士顿和华盛顿的夜车上，本打算任由车厢摇晃，一路睡到底；然而，周遭静寂，心绪易被搅动起来，平时用力想的、从不去想的。遂而，这本书宛如"深夜食书"，我在黑夜与白天交替间下笔。它，记录了我对一些书和电影的感受，即使仅是一段落、一幕戏。它，记述了我在文字与影像嗅得的食味，有作者的蓄意布置，以及我的随性烹调。

一本书、一场电影、一份味道、一趟旅程，映照了往事与当下，原来就是生活。我阅书，亦闻书。拿起书，总先刻意地连续翻页，然后俯首深闻，仿佛吸血鬼般，呼吸不为生存，单要气味。展开书，读到时而出现的料理文字，则忍不住推敲，作者何以借由食物，来铺陈人物与背景，继而从其间寻得烹饪灵感，揣摩走入书里。翻页的沙沙声中，多了遐想的食味，一种唯有慢，才能享受的感官体会，很吸引人。若说，爱书人不寂寞，实因阅读的浩瀚想象力。

夜间看戏，向来是想放松居多，只是，遇到让人思及、视及美食的电影，就没辙了。与小说一样，它们有食物来穿针引线，念着、看着，都惹人饿得慌。那嗅觉的幻想似有一线情绪的牵连，先是将身子缠绕，待我出神，便恣意穿透皮肤、进入身体，施起魔力，盘占整个思绪。就这么地，食与戏联袂出演，相应相成，念念不忘。

好书、好影、好食，因分享而更美好。成长过程中，我和一起写书的表妹并不熟络。直至数年前，她与先生和儿子来美国找我。看她家人的互动相处，方惊觉，当初的小女孩早已长大。那时，我们开始有了共通话题。后来的日子，透过电子邮件，我们聊日常生活、电影、小说，亦循着料理味道叙昔。隔着 12 小时时差，她看南台湾艳阳蛮横，我看美东柔月婉顺。不同时空，我们在厨房与书房替换进出，品书尝影。片段时刻的长短漫笔，集结为我们透过网络分享的"厨房笔记"，就说是另类的"电影读书会食谱书"亦恰当。

撰完书，重读文字，总想写作是很私密的事，像是自言自语，出版则似公开隐私，无所遁形。因此，我尽可能避免在书里提到身边人。但是，我做菜，我的先生负责吃，且赏面子地净光餐盘。我常问："你会不会吃太多了？"他都答："这不是你做的吗？"哪门子的逻辑！在此，我得特别感谢他。

沈倩如

作者 序

深夜两点，赶完最后一篇文章。前往厨房，煮了碗泡面，打颗蛋，放些葱花韭菜。热乎乎地，我咕噜咕噜大口吃下，让心情彻底沉淀。这一年来，经历生命高低波折变动，与表姐的书信／文章往来，恰好教会我更成熟地面对各种冲击挑战。

回想这一切，都亏表姐的想法，我们才会有此开始。能够由纯粹的亲人往来，共同写博客，受到读者与出版社青睐，至目前撰书完稿。这走来之路，我的心境也从兴奋激昂，到沉着稳定。

提到表姐与我之关系，说来也许各位感兴趣。孩提时和她互动有限，距离因素使得会面次数寥寥无几。父亲与大姑感情向来浓厚。因朋友介绍，年少时父亲得以远离家乡，只身至高雄发展。故此，若有休假，父亲便常携幼（就是我们）至她们家拜访。只是，那些日子表姐长年在外念书。

真正产生交集，是表姐定居美国之时。那年我大学毕业，走访美国。当时还不甚清楚，自己有颗追随自由漂泊的心。不过那却是与她初次长时间相处。我住进她宽敞明亮的白色洋房，吃到她的绝活料理，跟她一起逛街采购，过着地道美国生活。尔后几年，日子在匆忙中度过。与先生短暂抵美时曾住上几日，或是表姐回台，顺道来高雄落脚。直到两年前，儿子加入，一场带孩子跨越欧洲，到美国的计划酝酿展开。是年二月，我们一家浩浩荡荡踏上新英格兰土地，一切都有了不同的变化。儿子因未满两岁，经过亚洲、欧洲直到美洲，时差的转换，旅途的劳累，在气候寒冷、北风如戟的白雪王国，小小的他有些疲惫。于是我们多半待在表姐家中休养，停息之余，摆弄锅碗瓢盆，竟演变出我们之间奇妙又美味的厨房经验。

徐志摩曾写，"你记得也好，最好你忘掉，那交会时互放的光亮"。用以形容我们相当贴切。成长过程虽无交流，然而在先后成为犀利人妻后却发现二人众多相似之处。同为秋末冬初出生的我们，爱文学与创作。在烹饪中寻找僻静的空间，疯狂地热爱旅游，并在旅程中享受种种意外的惊喜。如今想来，应是这些相同嗜好的呼唤，成就此书之诞生。

非常欢迎你们进入我们的世界，参与当中之喜怒哀乐，我们在此将为你们奏上一段人生书味影食协奏曲。也冀望这次演出，能赢得你们的心，并圆满成功落幕。

愿将此书献给我的父亲、母亲。还有我最挚爱的家人，明宪、书亚。因为你们，才有今日的我。

杨蕙瑜

表姐，

在春天花园里验收这批腊肉，连续几个月的冷锋与暖阳，造就作品之极致，自认足以匹敌《爱，从心开始》中，那波兰邻居在木屋里的风味猪脚。收拾完毕，悠闲地喝杯黑咖啡，摘几颗阳台种的草莓，灵光一闪！今晚就以黄瓜蔬果，为所爱的家人做道台式腊肉凉拌吧。待会儿做好，我会拍下几张照片，希望能与地球彼端——12,700公里外的你分享。

蕙瑜，

你这么一提，我倒是念起比萨常用的意式腊肠，红红的烟熏。周末，樱海中，我们到农场参加芦笋收成庆，那绿紫笋的甜润，绝对可与毛姆所写《午餐》里的芦笋相抗衡。作者以奶油拌巨大的芦笋，让故事里号称"只吃一样东西"的女书迷垂涎不已。我则趁收成的鲜脆，烤了素淡口味的芦笋比萨，不放腊肠、少起司，诱惑度毫不逊色。

春

只吃一样东西

芦笋洋葱比萨

沈倩如

周末，我们到康科德（Concord）参加 Verrill Farm 的芦笋收成庆。一群人在农场主人 Steve 带领下，来到芦笋园，观看栽种和品种选择。砂质土地上，芦笋一排接一排地在向阳中开阔成长，有的才刚羞怯地蹿个尖，有的则已傲然挺立。

芦笋含水量高而易折，Steve 让我们现折几根尝尝。大伙边走边挑，越走越远，煞有其事地好似选美，找寻心中的顶级。紫芦笋浑圆肥嫩，绿芦笋亮挺结实，笋尖花苞紧密，美味与否，一目了然。弯腰折了根笋身粗厚约 4 英寸的紫芦笋，想想毛姆（W. Somerset Maugham）在短篇故事《午餐》里对芦笋的形容——巨大、漂亮、鲜嫩、令人惊叹，该是如此了。

毛姆并未在文中点明吃的是什么颜色的芦笋，然我在 Verrill Farm 现折现吃的感想，也真能以"惊艳"来形容，特别是适合生吃的紫芦笋，甜度高且纤维细而少。

《午餐》收录在《毛姆小说选集》（*The Collected Short Stories of W. Somerset Maugham*），讲述的是一位生活捉襟见肘的作家，与女书迷共进午餐，却被步步敲竹杠的故事。毛姆以第一人称来叙述，让读者直接观看故事中作家的举动和思维。一再强调"午餐，我从不吃（喝）任何东西"和"我只吃一样东西"的女书迷，在点了鲑鱼、鱼子酱和香槟之后，明明都说吃不下了，还大言不惭地感叹"吃不到巨大肥硕的芦笋，将是巴黎行一大憾事"。而那位作家，自忖只要未来两周不

＊农场绿芦笋束

喝咖啡，当月生活费应该足够，就放心地到高级餐厅请客去。只不过，眼睁睁地看着女书迷点的昂贵佳肴道道上桌，他的心也随之越来越沉，忍不住担心是否有能力支付餐费，若不够的话，是否还得向她借钱？餐末，他干脆豁出去了，为自己和对方点了一道冰淇淋和两杯咖啡，暗自以为这场餐聚终可划下句点了。当然，对坚信"膳毕，仍应有可再吃点东西的感觉"的书迷而言，飨宴还没完呢！

短短不到 2,000 字，整篇文章洒落满满的幽默与讽刺，是点到为止的流畅。

女书迷前前后后大唉的六道美味当中，以芦笋最为诱人。毛姆是这么描述的："这芦笋巨大、多汁、令人垂涎，融化的奶油香直搔我鼻，像耶和华的鼻孔被善良犹太人燃烧的献物骚动般。"才这么几句，奶油的香浓与芦笋的清甜，在文字间似有若无地飘荡着。这位坚持"午餐，只吃一样东西"的书迷，为了美食，20 年后体重高达 130 多公斤，是合理，抑或活该？眼见当年那位骗吃骗喝的书迷如今身形大走样，作家又窃笑，又感谢老天为他报了一箭之仇。

周末那场芦笋收成庆的户外餐会，我们也只吃一样东西——芦笋。即便无毛姆文中的奶油拌芦笋，第一手新鲜的魅力同样令人心折。白色帐篷里，我们边吃芦笋起司马芬和芦笋咸派，边看农场大厨 Kevin Carey 现场示范烹饪。尔后，香草芦笋汤、酸甜时蔬沙拉、柠檬龙利佐芦笋、芦笋意大利面及各式甜点，随意吃吃逛逛，自在又舒坦。

＊浑厚生长的紫芦笋

＊芦笋洋葱比萨食材

*烘烤前的芦笋洋葱比萨

与邻座太太话家常，聊到小时候她家后院有片芦笋园，家里老老少少全被那园子给宠坏了。原来，他们一家早已养出"芦笋，我们从不吃外地来的"和"我们只吃现摘"的坚持。既如此，初春外州运来的芦笋与他们无缘，冬天备受舟车之苦的秘鲁或智利芦笋就更甭提了，时令期间，到超市买外地芦笋简直是罪过。吃过现收的新鲜，果真再也回不去了！想来有几分道理，农场主人曾言，19世纪下半叶，康科德家家户户只要有地就种芦笋，该镇因之赢得"芦笋之都"的封号。随手摘采的在地美食，谁不爱？

在农场上过烹饪课的那位太太，话匣子一开便止不住，兴高采烈地说起最近从"在地有机饮食文化"倡导人及"加州料理"先驱爱丽丝·沃特斯（Alice Waters）所著 *Chez Panisse Vegetables* 学来的"奶油姜丝芦笋"。其实，这道菜就是姜丝炒芦笋，沃特斯以奶油取代食用油，添了细致与浓香。我则想起，小时候常喝的自制芦笋汁，爽凉降火又

＊芦笋洋葱比萨

解渴，几年前母亲来访时，煮过一次。

　　收成庆隔天，像未餍足似的，拿出农场赠送的两束芦笋，料理了"生鲜芦笋佐红葱油醋汁"、"奶油姜丝紫芦笋"和"芦笋洋葱比萨"。芦笋沙拉最简单不过，当令时节，生吃或水煮，单吃或以酱汁相佐，尽现真味。身材细长的只消洗洗，便脆得让人一口接一口咬，怎么也停不下口；粗宽形的削成长薄片，泡在冰水里几分钟，笋尾卷翘起来，相互缠绕，绿光细白宛如缎带；或整支在加盐的滚水中快烫，捞起后，冰镇冷却、沥干，同样爽甜。酱汁点到为止即可，我先将一颗红葱头切成细末，放入一大匙半的巴萨米可醋及少许盐，浸渍几分钟，再入两大匙橄榄油、现磨几圈黑胡椒，搅拌一下，成了红葱油醋汁。新鲜芦笋与醋汁穿插搭配出另一味道层次，清新地，不输奢华料理。

　　向来极少吃比萨，总觉得那底层番茄酱或起司浓得过头。就着家里现有的芦笋和洋葱，此回，首次尝试做个合自己口味的简易比萨，清清淡淡最好。这款"芦笋洋葱比萨"若加了起司是一般熟知的意大利比萨，不加则是经典的罗马白薄饼（pizza Bianca）。削成极薄片的芦笋经过高温烧烤，翠绿仍在，一点都不羞怯，颜色甚美，口味是甘。如今，我家只吃这道比萨！

《毛姆小说选集》

The Collected Short Stories of W. Somerset Maugham

作者 / 毛姆

W. Somerset Maugham

译者 / 沈樱

出版 / 台湾大地出版社

（12 英寸）芦笋洋葱比萨

〔2 人份〕

食材

————

○ 1 份比萨饼皮面团

○ 10 根芦笋（可自行增减）

○ 1 颗中型洋葱切丝

○ 2 球 mozzarella 切块

○ 橄榄油

○ 盐及黑胡椒

○ 少许虾夷葱花

○ 半颗柠檬

做法

————

① 烤箱预热摄氏 260 度（华氏 500 度），烤盘上撒些粗玉米粉（cornmeal）或面粉备用。

② 芦笋放在砧板上，用削刀削成超薄片，与洋葱丝、½ 大匙橄榄油、盐、黑胡椒一起混合均匀，可先试吃，是否合意。

③ 将比萨饼皮面团擀成直径 12 英寸圆形，移至烤盘上。

④ 先铺 mozzarella，续上芦笋和洋葱，入烤箱，烤约 10～15 分钟。若不用起司，则在饼皮面团上，刷层橄榄油，再加入其他食材。

⑤ 烤好前 1 分钟，开烤箱，撒上虾夷葱花续烤。

⑥ 比萨出炉后，挤些柠檬汁，或依个人喜好，再调点橄榄油、盐、黑胡椒、辣椒末。

无名

春

之二

巧达虾夷葱比司吉

沈倩如

经过书店，看到橱窗张贴着《简爱》(*Jane Eyre*)的电影海报，两旁以电影作为书封的书高高堆着。今天的天气像维多利亚文学中的阴暗色调，湿冷的空气，深灰的街道，沉郁的氛围。都春天了，竟来场小雪，把已蹿出绿意的草地洒上一层白，也削了几分番红花的娇气。

英国经典文学跃上银幕是常有的事，虽难逃忠实读者的批评，却总有魔力让人心甘情愿地在沙发上窝成马铃薯，它唤回当年初读文学作品的感动，哪怕只是老掉牙不过的恩怨情仇。纳闷的是，迄今不见威尔基·柯林斯 (Wilkie Collins) 的《无名》(*No Name*) 上场，这本书可是名副其实的"大小姐复仇记"，精彩程度不输同时期小说。

《无名》故事开始于 1846 年 3 月。范史东一家人在英国西桑莫塞特郡过着和乐的庄园生活，一封来自美洲大陆的信打破了原本的宁静。表面看来无事，然作者在段落间不断警告，天底下没有任何事可以被永久隐瞒。于是你知道，这封信是个伏笔，一颗隐藏的炸弹。之后，范史东夫妇相继过世，家庭秘密步步被揭开。原来，范老爷爱女诺拉和马德莲出生时，夫妻俩并未结婚，换言之，在法律之前，女儿无名无分，无法继承家产。范老爷身后遗留的财富，只得全数被失和多年的哥哥老麦克接管，原是无忧无虑的大小姐，一夕间身无分文。大女儿诺拉认命接受事实，小女儿马德莲执意报仇。

仗持戏剧天分和姿色，再加上号称骗子的远房舅舅华治的协助，马德莲密谋夺回属于自己的家产。老麦克在马德莲展开报复前，便已

＊湿冷初春

过世，他那同样没心没肝又贪钱的儿子诺尔成了目标。复仇手法很简单，即设计让诺尔爱上马德莲，待两人结婚后，马德莲伺机夺回父亲的遗产。不过，事情可没那么单纯！诺尔身边有位精明狡猾的老管家黎康太太，她怀疑马德莲的真实身份，竭尽所能地分开马德莲和诺尔。而马德莲面对与诺尔结婚的可能，更是日益不安。

整本小说最精彩之处在于，马德莲的心灵善恶交战，以及舅舅华治与黎康太太的斗智。马德莲的遭遇令人同情，页页读来，处处感受到她的悲伤、心痛和愤怒，对她的无情报复，似乎也能理所当然地宽容以对。她与华治太太相处时的温善，让她在"恶"中得到解脱。华治和黎康太太两方互布陷阱，互被躲开，相互猜疑，尔虞我诈，其间又穿插着幽默。这部分的叙述直让人惊叹文字之神奇。严格说来，故事并无明显区分传统所谓的"好人"与"坏人"。华治虽想从马德莲的复仇中获酬，却渐对外甥女感到怜悯与疼惜；黎康太太则不过是为了保护自己的主子和私利。

说马德莲和华治夫妇是毫无冷场的火红三人组，一点都不为过。华治在故事开头没多久便现身，神秘如雾，让人抓不着形。然而，随着情节的发展，他那亦正亦邪的喜感在文字中流露，有时，很自作聪明地与马德莲玩猫抓老鼠的游戏，只是，偶尔又搞不清楚究竟自己是猫还是鼠。身材高大、脑子短路的华治太太更令人捧腹大笑。作者喜用"meekly"形容她的一举一动，像小媳妇般懦弱地逆来顺受，与她

＊虾夷葱花

＊巧达虾夷葱比司吉食材

*巧达虾夷葱比司吉面团圆模

的外形和先生的个性恰是天壤之别。

　　与马德莲初见面那天，华治太太兴致高昂地聊着她是如何照料先生的，说帮他刮胡子、剪指甲、做三餐、泡茶，讲着讲着，突然想到什么似的停下来四处张望，一眼瞥见地板上的旧书，绝望无助地紧握双手大喊："我忘了读到哪！喔，原谅我！这是怎么了？我忘了读到哪！"马德莲帮她拾起地上那本老旧的《烹饪的艺术》，一页页翻着，看到某页上半干的水痕，说道："奇了，若非只不过是本食谱书，我会说有人因它而哭。"华治太太回应："某人？是我！就那页。如果你跟我一样，要按书为我先生做晚餐，你也会哭的。有时候，明明搞懂食谱了，一转身却又忘记。你看这儿，他要的早餐——香草蛋卷。先打两个蛋，加点水（或牛奶）、盐、胡椒、虾夷葱、巴西利，切碎末。那！切碎末！全放在蛋液里了，怎么切碎末？接下来，锅里放块拇指般大小的奶油，看我的拇指，看你的拇指，这食谱指的是谁的拇指？再来，它说奶油即将沸腾但未成棕色，这到底又是啥色？食谱作者都不跟我说，单单期望我什么都懂，我就是不懂啊！……蛋卷要煎得柔嫩，将一个大盘放在锅上，然后翻转，这是要我翻盘或翻锅？天啊，再拿冷毛巾来帮我敷额头吧，告诉我该翻哪个？"华治太太一整天为这道香草蛋卷，在脑子里翻了无数次的盘子，模拟煎了无数个蛋卷，累得不成人形，好像她的婚姻幸福全仰赖这蛋卷的美好。

　　华治太太对食谱书的无奈情有可原。维多利亚时期的食谱是不列准确计量的，没有杯匙，遑论克等重量单位。直到 19 世纪末，美国烹调专家范妮·梅里特·法默（Fannie Merritt Farmer）着手编辑《波士顿烹饪学校食谱书》（The Boston Cooking-School Cook Book），将她所有食谱的做法和计量标准化，让读者对成品有某程度上的安心。如果华治太太有范妮的帮忙，可能不会连打个盹，双手还在半空中翻转锅盘了。

维多利亚文学有一股阴霾暗沉，纵然天清气爽，仍有蒙上茫茫大雾的感觉，很适合在这灰冷飘雪的天气，窝在暖被里阅读，是我独爱的情调。身旁若有几块饼相伴，简直是再好不过的私心大享受了。

这道巧达虾夷葱比司吉灵感来自美国美食杂志 Bon Appétit，我把培根拿掉，调整了比司吉配方，让口感松软些。巧的是，食材中的巧达起司（cheddar cheese）源自范史东家园所在西桑莫塞特，属硬质牛奶起司，在欧盟不受原产地名称保护，世界各地皆有生产，然唯有以英国西南四郡（含西桑莫塞特）当地牛奶制造的，才得以受封为有欧盟原产地名称保护的"西郡农家巧达起司"（West Country Farmhouse Cheddar）。巧达起司生产方法并不统一，成品气味每家各有不同，一般而言，年份越轻越温和，越久越是醇厚。以往一律将巧达与橘色画上等号，后来才明了原来那是染色而成，天然成品实则是浅奶油或浅白色。

虾夷葱是早春香草，口味较葱、洋葱、大蒜来得温和，香气有点接近韭菜，却淡雅些。几年前在家后院种了一小撮虾夷葱，单纯妄想

＊伴读比司吉

用它们来抵挡虫子入侵，没想到蹿长速度惊人，似切切嚷人快来收成，我们食用的速度根本赶不及它们的成长。春天来时，我通常会先收成一批虾夷葱，从离土 5 厘米处剪下一大把，一周内，它们会长回原来高度。接着，就等它们结花苞，期盼即将在艳阳下绽放的朵朵粉紫，葱叶变硬了概不在乎，这花可是外头买不到的，只有自家才能收成。把花稍做清洗，花瓣分撒在沙拉上，或与食材共煮，为整盘餐食上了几分气色。

虾夷葱作用主以调味，将管状叶切碎末洒在炖肉、烤鱼、沙拉、汤、调味料、煎蛋，可淡淡地提味。过度烹调会损减葱香，在简单的烘焙料理中多加点，特别是含起司的比司吉，经过烘烤，尚可闻到香气。有回从市场买了条肥滋滋的鳟鱼，里里外外抹上巴西利、虾夷葱、醋、红葱头及橄榄油调制的香草醋酱，入味 30 分钟，进烤箱摄氏 260 度（华氏 500 度）烤个 25 分钟，食用时以剩余的醋酱当佐料。这一搭，醋酸在嘴里纤纤地渐次扩散，把鱼肉提得极清爽。虾夷葱和橄榄油（或芥花油）混合、过滤，成了虾夷葱油。将之与水煮蛋配对，那半熟软嫩的金黄，淋几滴鲜绿，映着白底，层层晕染，宛如一幅水彩墨。

对葱香、韭香味的咸饼向来难以抗拒，我将刚烤好的比司吉切开，里头隐约可见已融化起司，亮光滑润，夹个蛋、撒点黑胡椒，或抹上法式酸奶，很难不上瘾的。一口接一口嚼着比司吉，舔着手指，暂且关上电子书，将范史东家的恩怨抛一旁，大小姐要复仇，待我满足口欲再说吧！

《无名》

No Name

作者 / 威尔基·柯林斯

Wilkie Collins

出版 / 牛津大学出版社

Oxford University Press

代表作

《白衣女郎》(*The Woman in White*)

出版 / 联经出版公司

《月亮宝石》(*The Moonstone*)

出版 / 风云时代出版公司

巧达虾夷葱比司吉

〔16 个〕

食材

——

○ 2 杯中筋面粉

○ 1 大匙（T）泡打粉

○ ¼ 小匙（t）食用苏打粉

○ ½ 小匙盐

○ 8 大匙冷无盐奶油切成小块

○ ½ 杯虾夷葱末

○ 巧达起司刨成 ¾ 杯起司丝

○ 1 杯白脱牛奶

（白脱牛奶英文名是 "buttermilk"，
若无，可将 1 大匙柠檬汁加上
倒入后足以成 1 杯量的牛奶，
搅拌后放个 10～15 分钟，待稠
化即成）

做法

——

① 将烤箱预热至摄氏 200 度（华氏 400 度）；
烤盘铺张烘焙纸。

② 中筋面粉、泡打粉、苏打粉、盐放入一大
碗里搅拌，加入冷奶油块，用指尖将奶油
与面粉混捏成碎粒状（比司吉是靠苏打粉或泡
打粉松发膨胀，无需酵母和长时间发酵。比司吉
用的油脂越多，吃来就越松软，但现今基于健康
考量，多以奶油取代传统猪油）。

③ 加入虾夷葱末和巧达起司丝，倒入白脱牛
奶，搅拌成柔湿的面团（白脱牛奶的酸有活
化苏打粉的松发作用，可提升饼的轻软度）。

④ 将面团倒在撒有一层面粉的桌上，用手（勿
用擀面棍）轻轻揉几下，至面团聚合成形，
但仍有点湿软，然后用手掌轻压至 1.25 厘
米（½ 英寸）厚度。

⑤ 用 6.25 厘米（2½ 英寸）圆模压出圆形（勿
扭转圆模），一一排至烤盘上。传统比司吉
上层金黄香酥，侧边颜色浅且松软，若要
达成如此效果，圆形面团压出后，一个接
一个相依摆着，无须间隔。剩余面团可再
聚合成一块面团，再压成形。约可做 16 个。

⑥ 放入预热好的烤箱中，烤 20 分钟，至表面
呈金黄。

爱，从心开始

凉拌黄瓜风干腊肉

杨蕙瑜

春

之三

电影开演（观众们请对号入座）。

伦敦希思罗机场。

哈维提着西装行李匆匆地离开航站，这回他是要来参加女儿的婚礼，但整个脑袋瓜却思绪乱窜，疲惫不已。凯特迎向他，为的是希望他能为旅客资料统计处填写一份问卷。这是她的工作，毋庸置疑的。有趣的是，这对中年男女第一次见面，哈维竟略带不耐烦地拒绝了凯特，甚至连头都不转，脚步也不想停下来。

英国近几年的几部爱情片，故事内容皆散发着传统英伦风，还略带有点贵族气息。仿佛在当今已解放的英国社会里，某些女性的基因，仍隐藏着大庄园里的内涵与礼仪。英国女星艾玛·汤普森（Emma Thompson），这位由演艺家庭出身，蜚声影坛的演员，便是一例。她顶着剑桥大学英文系的学历以及对文学的喜好，无论是饰演 1995 年《理智与情感》（*Sense and Sensibility*）中坚强、不善于表达情感的艾莉娜；还是 2003 年的《真爱至上》（*Love Actually*）的家庭主妇凯伦——在发现先生外遇时，选择独自流泪聆听琼妮·米切尔（Joni Mitchell）的 *Both Sides Now*，而后笑脸迎接自己的孩子；或者诠释 2008 年出品的《爱，从心开始》（编注：*Last Chance Harvey*，大陆译为《哈维的最后机会》），当中善良但害怕受伤的凯特。每部剧作，几乎都可看见她的不凡气质与精湛的内心戏。

当她与得奖无数的实力派演员达斯汀·霍夫曼共同主演这部电影

时，纯熟的演技，自然地演活了剧中人物凯特与哈维。随着他们的表情变化，举手投足，很快地便能将情节与生活的问题，投射在观众席上的我们。

凯特的人生观，是蕴含着典雅、多礼与矜持的特质——她已届中年，虽然单身，仍是脱俗；在朋友安排的相亲酒吧中，就算对方无意继续，依然强忍着心中的落寞，礼貌地坐在原处。她有个孤僻难处的母亲，每天数通电话骚扰，并且一口认定憨直的波兰邻居涉嫌谋杀案，尽管如此，她依旧尽力照料被父亲遗弃的母亲。

反观哈维，这是个典型的处于中年危机的美国人。为了工作，妻子与女儿最后都选择离开他，投入另一个男人的怀抱。做了一辈子自己热爱的工作，却在出发参加女儿婚礼的前夕，被自己的上司摆了一道，只告诉他，这是你的最后机会。

对哈维而言，工作与家庭，到如今，两头空。对凯特来说，工作也许顺利，爱情却苦苦不来，母亲的热线更逼得她几近窒息。有那么刹那，不认识的两个人都在洗手间里落泪。这幕拍得很轻，时间也不长，却莫名现实，仿佛你我即是哈维与凯特，在困境来到时，一个人悄悄地躲在浴室或厕所哭泣。

人生总有许多机会。对于爱情，来来往往，但若打开心扉，真爱乍现，近在眼前。找到真爱或许不难，珍惜与经营却绝非易事。哈维曾经错过，让心爱的妻女离他而去，但遇到凯特后，展现了他的决心。

＊抵达机场的飞机

工作失去了没关系，真爱若再度错过，什么都不再有。这段经过不禁让人为他加油，为他喝彩。其实人生没有太迟，只在于我们是否愿意去做。

当哈维在凯特上课的窗外等候，二人再度相遇，走向泰晤士河畔时，凯特脱下了高跟鞋，挽着哈维的手舒服地走着。那场景宛如微风般缓缓吹进我的心。曾经自己也在那里，悠闲地漫步，细数着沿岸那黑色圆球状的街灯。偶尔，稍有驻足，观看河边景色，还有那金色巍巍的国会大厦。

如今自己身为人母，除了再度感受到戏中情感的美妙滋润外，还对凯特母亲的波兰邻居之行径备感兴趣。原来那邻居扛着像人般的布袋，里面装的是一只猪。他将它包好，放进一个冒着烟的木屋中，不是要毁尸灭迹，而是要做腌熏猪肉火腿。

欧洲人做火腿，主要是用海盐、大蒜，胡椒搓揉猪腿，之后再铺上盐。一个月后取出吊挂，入腌熏房，加以干燥。德国、波兰料理皆以火腿著名。其实，腌食在世界各地早已行之有年，全球的祖先似乎从古早以前，就懂得将盛产时的作物／产物用腌渍的方法保存。有的用以盐封，搭配压实或风干的技术；有的用火烤加以油封；另有些果酱蜜饯类，则改用糖来封存。食材当然新鲜的最好，但在那个没有科技改良的年代，还有酷寒、白雪皑皑的冬季，甚至是战争烽火连连的日子，这些腌渍物都是足以让人生存下来的宝贵食粮。

＊伦敦泰晤士河旁街景

丹麦片《巴贝特之宴》（Babettes Gæstebud）中，同样有北欧人在雪中风干鱼干的镜头。鱼类，主要是北海盛产的物产；厨师巴贝特采买食材时，亦选购常见的腌猪肉，以补新鲜猪肉之不足。同属高纬度的俄罗斯，也有无数的腌熏鱼，以及色彩艳丽的腌蔬菜。类似的画面，来到韩国，由于靠近黄海，大雪中的明太鱼干，高高挂在竹竿上，成为当地的经济物产。再往南走，中国的华中、华南地区出现了其他如梅干、笋干等腌渍品，以及使用特产的松枝腌熏而成的湖南腊肉。

　　在台湾，想吃腊肉多半会上市场或火腿店去选购。高雄的盐埕区有数家金华火腿名铺，讲的都是祖传秘方。说真的，若细究，在家自己做腊肉一点也不困难。只要选在季风强劲的日子，温度略为潮湿，便可卷起袖口，大显身手一番。然而，不光是季节要选对，猪肉的挑选亦不可马虎，一缸优良的酱汁省略不得。

　　整体说来，三层肉或五花肉是做腊肉的首选，因为位于猪只的腹部，肉质油花分布均匀，且肥瘦参半。这类肉除了做腊肉，尚用以红烧、白切或炖卤，如回锅肉或东坡肉等。事实上，猪肉的各部分都会有其独特的滋味，就看你如何去品尝。挑选肉类时，我会多看几间，再做决定。有些店家门庭若市，不无道理；有些虽摆了整摊，却乏人问津。新鲜的肉品绝不会缺乏顾客，这是一定的。

　　肉类挑选后，可以开始调制腌酱。蒜末、姜泥、小虾米、黑胡椒粒，

＊自制腊肉成品

通通放入锅中。有人此时会加些甜辣酱或豆瓣酱用以加强味道，但我偏爱以天然食材来取代。当季水果如橘了、梨子、苹果或凤梨，能增加腌酱之果酸与甜味。如此，糖，便可省略。之后淋入绍兴或高粱酒，甚至花雕或红酒。不同的酒，会带出不同的风味，端看个人喜好。做好后，将五花肉整片放入，令酱汁掩盖，即可存放冰箱冷藏。

腌制期间，需将肉片多次翻面按摩。腌制24小时后，取出，于肉片拍上薄盐，再穿过铁丝或粗棉线，找个阴凉通风处之竹竿或是晒衣架吊起，进行风干作用。风干完，再放进腌酱；隔天，再取出撒上薄盐，风干，如此反复三天。一般来说，风干作用是在白天进行，而腌制作用则落在晚间。整个制作时程会因当地气候而异，约需五至七天。换言之，从第四天起，便不需拍盐手续，以免过咸。风干时，会招来鸟类或其他小动物觊觎，可用纱窗网或其他网子杜绝。在看到肉质变硬，颜色呈暗沉时，恭喜，你已经会做台湾风干腊肉了。

农历十二月为腊月，我们选在春节时分制作了这道料理。此时已是春天，然而东北季风仍强，冷锋依旧来做客；有时太阳露脸，温暖和煦，百花待放。在大自然的冷风、细雨、暖阳交错下，万物复苏，所出产的腊肉为上等，是上帝给人们最好的礼物。

自制腊肉，无需担心放了防腐剂或硝酸盐。完成后的腊肉可切块分装冷冻，每次拿些出来烹煮。做好的腊肉跟培根相似，有多种料理方式——如腊肉炒蒜苗，或取薄片当三明治的夹层馅料。煮浓汤时，放点提味，风味上选。也可直接放进电锅蒸熟或送入烤箱，摄氏 160 度（华氏 320 度）烤 15 分钟，切片，美丽的玫瑰红让人心醉，配大蒜便可上桌。或者，与各式季节蔬菜一起做凉拌沙拉。这晚，我用了小黄瓜、红萝卜，在凉拌黄瓜的概念上，加入了腊肉的元素。

电影中场不休息，继续上演。

伦敦泰晤士河旁的露天书摊。

凯特与哈维闲聊着。当她说道，未来想搬到一间小屋写书，屋外可看到原野，而另一头有着河流可供沐浴时，哈维提议要去拜访。凯特睁大了眼睛，慢慢露出微笑，"当然，你可以来"。我不禁想着，哈维到达时的那个午后，他们应该有个温暖愉快的英式下午茶。傍晚，凯特准备餐点，除了典型的英国乡村菜外，肯定还有那波兰邻居的烟熏猪肉。

《爱，从心开始》

Last Chance Harvey

导演 / 乔尔·霍普金斯

Joel Hopkins

主演 / 达斯汀·霍夫曼

Dustin Hoffman

艾玛·汤普森

Emma Thompson

凉拌黄瓜风干腊肉

〔2～4 人份〕

食材

——

○ 少许黑胡椒粒磨碎

○ 1 颗蒜头切末

○ 2 根小黄瓜切段（拍过后切成

　条状）

○ ¼ 根红萝卜（先切片，再切成

　条状）

○ 适量盐

○ 适量糖

○ 100 克（3.2 盎司）腊肉（先

　切片，再切成条状）

○ 50CC（ml）大骨高汤

○ 数滴香油

○ 适量芝麻粒

○ 适量落花生

做法

——

① 食材中黑胡椒、蒜末、小黄瓜、红萝卜、盐、
　糖倒入大锅中，拌匀。

② 放进冰箱，静置 2 小时后，倒出卤水。

③ 腊肉以少许油炒过。一旁放凉。

④ 加入炒好的腊肉与高汤，搅拌均匀。放入
　冰箱续腌 2 小时。

⑤ 取出食用时，滴入些许香油，撒上芝麻与
　花生，摆盘上桌。

第二人称单数

春

之四

热 炒 鹰 嘴 豆

沈 倩 如

一张夹在二手书里的字条，意外掀开两名互不相识男子命运的交集点，拨动他们对自我的认同。然而，字条谜团解开后，是否总总都可以云淡风轻，抑或是，那些埋在心底的困惑早已生根，慢慢地在血液里蔓延，化为身体一部分？

刚开始阅读《第二人称单数》（编注：*Second Person Singular*，大陆译为《耶路撒冷异乡人》），颇感乏味，几页下来，尽是普通不过的日常生活描述。边读边像看肥皂剧般，想说这位阿拉伯律师先生未免太笨了，用想象力把太太推进万劫不复的外遇深渊，还算计着太太的外遇对象最好是犹太人，才不会被同族裔人嘲笑，然后又从对方藏书猜测人家可能才华洋溢，反观自己看没几字就打瞌睡，怒火速烧，再猜对方说不定是同性恋，那也好，正松了口气。这所有的假想，讽刺可笑，加上悬疑跟了进来，直到最后一个句点，让我忍不住回想，是否哪儿漏读了？

小说的第一章节以第三人称叙述一位持有以色列护照的阿拉伯犯罪律师，他拥有美好的家庭、职业、社交生活，与具同样移民背景的友人定期举办沙龙聚会，聊高调的文学、社会和政治，只是很快地，题材便被钱、房地产、小孩、学校等话题取代。这些寻常生活片段在他发现一张出自太太笔迹的字条后，洒乱一地。字条夹在一本署名"尤纳坦"的二手书里，上头写着："我等你，但你没来，希望一切都好，我想谢谢你昨天带给我美好的一晚，明天打电话给我？"

＊二手书里的字条

这还得了，刀子都抽出来了，律师不断想象太太所有可能的外遇情节，再演练所有可行的杀人法。他问自己："究竟她是谁？我对她了解有多少？"毕竟是律师，想想杀人是要付出代价的，而不忠的是她啊！阿拉伯女人不忠，该由她家人负责才对。紧接着，拟定计划，先找到尤纳坦再说。

可偏偏作者在第二章节转以"我"为第一人称，开端直截了当告诉读者"尤纳坦死了，上周四我料理了他的后事"。再读下去，才发现这个"我"是另一名阿拉伯男子，与律师一样来自巴勒斯坦乡下，在耶路撒冷求学后，留下来当社工。这位"我"代替别人的工作，照料因意外而成为植物人的年轻犹太男子尤纳坦。在这段期间，"我"认识了办公室新来的实习社工莱拉，她那有别于传统阿拉伯女孩的大方与随性，让"我"渐渐喜欢上她。有天，"我"在莱拉的邀请下，一同参加春季学生派对，心中满是兴奋和害怕，但终究忍受不了男同事背后私语嘲笑，而提早离开派对，隔天干脆辞职不做了。投辞职信的同时，"我"在信箱看到一张字条，写着："我等你，但你没来……"至此，字条收写人的身份正式揭穿，莱拉是几年后的律师太太。可是，这又与尤纳坦有何关联？

在照顾尤纳坦期间，"我"接触尤纳坦的藏书和音乐 CD，丰富了艺术涵养，约会亦穿上他的衣服，潜移默化中，逐渐与之合一，甚至顶着尤纳坦之名，进入艺术学院，以犹太人身份，找到较好的工作，

＊新鲜绿鹰嘴豆

49

＊豆泥酱与口袋饼

步步踏入另一个世界。当律师抽丝剥茧找上尤纳坦家，在一连串逼问下，"我"决定供出过去几年来的谎言与假冒，是宣泄，是告白。随后，"我"缓缓道出："尤纳坦死了，一周前我料理了他的后事。"

字条和尤纳坦均是故事的中心，虽是静态模式，却紧紧牵动两位主角的生活。

律师自以为是位思想开明的自由派人士，过着满足社会期许的生活，借由职业、饮食、驾车的选择，积极进入以色列社会。作者刻意不给律师名字，让读者用这些物质观来定义律师，颇为讽刺。字条的出现和寻找尤纳坦的过程让他惊觉，传统价值观仍深埋在他心底，他一面编造情节，说服自己太太的确红杏出墙，一面质疑以往对社会、世界、性、女人和宗教的认知，心中的矛盾挣扎排山倒海而来。这是自我族群中，传统与现代观念，乡下与城市心理的冲突摸索。无声无息地，他迈入自我凿掘的深坑，不知不觉地被黑暗侵蚀。

与律师相同的是，"我"拥有希伯来语和阿拉伯语双语能力，在犹太和阿拉伯社群中来去自如，然而，相较于律师的物质观，"我"想被社会族群接受的动机基于情感因素。"我想和他们一样"重复出现在"我"的故事里，含着强烈的挑战自白。作者在此部分的第一人称用法，更添故事的悬疑张力，字句读来已是不寒而栗。当他拿尤纳坦的身份过日子，走向义无反顾的终极身份转换，小说进入另一高潮。

作者以双主轴方式撰写故事，章节交叉叙述律师如何追查尤纳坦，

"我"如何成为尤纳坦，最后一章转换成段落交叉身份，读来相当紧凑。直到末尾，作者还不松手，玩弄似的以"我"的毕业摄影展扣住读者的呼吸。"我"是否从头说谎到尾？律师是否已深陷无法自拔？有赖读者的解读。

戴着面具，活在别人的期望价值里，连食物都是社会认同的沟通工具。尽管承认沙龙聚会是负担，律师和太太不忘以购自全城最昂贵日本料理餐厅的寿司作为宴客第一道菜，接下来的芝麻菜沙拉佐巴萨米克醋汁、南瓜意大利饺、法式牛排佐奶油蘑菇酱、马铃薯酥饼、白酒、红酒，更是精挑细选。律师清楚得很，口中嚼的上等生鱼片，远不及乡下妈妈做的香葱炒蛋，可在友人面前，排场是必需的。

"我"第一次与莱拉到小馆子便餐，两人各叫了豌豆泥酱（hummus），莱拉用手拿口袋饼（pita），舀起碗中的豆泥酱，往嘴里送，爽朗的模样在"我"眼里尽是美。身份转换后，"我"的社会价值里，约会要上意大利或法国高级餐厅，酒须饮葡萄酒，随性小吃不登大雅之堂。"我"大概不知道，美国超级名厨汤玛斯·凯勒（Thomas Keller）在高人气餐厅里，将豆泥酱与口袋饼作为前菜，用加了大蒜油的饼来蘸缀着虾夷葱和匈牙利红椒粉（paprika）的豆泥酱，让家常小点色香味俱全。

豆泥酱是中东颇具历史的蘸抹酱，以鹰嘴豆为主食材，与芝麻酱（tahini）、橄榄油、柠檬汁和大蒜捣成泥，再加点盐调味就好了，若要丰盛口味，可以加些香草、香料。豆泥酱与口袋饼拌食是当地传统吃法，

＊新鲜带荚绿鹰嘴豆

除此之外，与沙拉搭配、涂抹三明治，或与鱼肉相佐，不乏好主意。

看似简单朴实的豆泥酱，其实暗藏着以色列的中东情结。

古早犹太人居住地区广大，包括现今以色列和巴勒斯坦，因政治与天然因素，他们数千年来迁徙不断。20世纪前几十年，以色列犹太人大都来自东欧国家，直至二次世界大战纳粹对犹太大屠杀后，大批犹太移民从中东、西欧和东欧等地涌入，住在当时是英国殖民地的巴勒斯坦地区。对犹太人而言，这是"回归"，回到原居住地。

1947年，联合国同意于巴勒斯坦建立阿拉伯和犹太国家，以色列得以立国。阿拉伯国家从不愿接受联合国此项决议，认为巴勒斯坦为其所有，待英国退出巴勒斯坦殖民地后，于1948年向以国发动第一批攻击，引发五次阿以战争，然以国却在战争中逐步占领大部分巴勒斯坦。第一场中东战争又称为以色列独立战争，导致以国国库支绌，政府只得祭出粮食配给之策。几年后，纵使配给结束，人民仍持续简朴，不敢奢侈花费。便宜又易饱的阿拉伯豆泥酱，顺理成章地走进犹太厨房，成为最受欢迎食物，甚至被视为以色列国家代表食物。

市场卖的鹰嘴豆通常是罐装或是干的，且大半是浅褐色，不似甜豆绿得晶莹剔透，让人一见胃口大开。干豆子烹饪前得先浸泡隔夜，然后用淡盐水煮至熟软，沥干后，和其他食材搅成泥。老实说，对非绿色的豆子，向来兴趣不甚高，只不过，有时在体检前，想"偷吃步"（编注：指跳过某些步骤进而加快速度达到目的）地在短时内提高营养，会在几周前开始炖一大锅鹰嘴豆佐蔬菜汤食用。先把蒜末和洋葱丁用橄榄油炒香，加切块状的茄子、红萝卜、番茄、芹菜、红椒、芥蓝，小炒一番，再倒入鸡高汤和罐头鹰嘴豆，煮滚后转小火，盖锅盖慢炖。耐炖的蔬菜都可拿来用，称得上是清冰箱料理，况且，只要一碗，就非常有饱足感了。

新鲜鹰嘴豆是少见的，有回在市场看到一盒盒陌生的翠绿，本是毫无理会地往前走，刚好一家人走来，如获至宝地说要买些新鲜的回去，我才回头拿了一包。把新鲜绿荚子剥开，豆上有个小钩，侧看似鹰嘴，顿时了解中文名称的传神。妙的是，鹰嘴豆的英文为"chickpea"（或"garbanzo bean"），源自拉丁文"cicer arietinum"，即"小公羊"之意，取其形状似公羊头，这么说来，中文若直译岂不成了羊头豆？

鹰嘴豆料理百味，炖煮、烧汤、磨酱外，新鲜的直接连荚水煮或快炒，类似日本毛豆做法，当做沙拉食材均甜美。我喜欢的做法是不花时间地热炒。吃的时候，剥着荚取豆吃，两手油油地舔一舔，有意犹未尽的乐感，而甜甜圆滑的绿豆，带点咸咸的烟熏味，沙沙酥酥的，配着冰凉啤酒正好。

《第二人称单数》

Second Person Singular

作者／萨伊德·卡书亚

Sayed Kashua

译者／吕玉婵

出版／皇冠文化出版有限公司

热炒鹰嘴豆

〔4 人份〕

食材

——

○ 一盒带荚鹰嘴豆（可以罐装
  鹰嘴豆或干鹰嘴豆取代，前者
  须用水冲洗掉多余盐分并沥干，
  后者得先浸泡隔夜、沥干）

○ 橄榄油

○ 红辣椒末

○ 盐及黑胡椒

做法

——

① 将鹰嘴豆连荚稍做冲洗后，擦干。

② 锅中放些橄榄油，以中高温加热，加红辣
  椒末炒至香味散出。

③ 放入带荚鹰嘴豆翻炒，撒些盐，翻炒到外
  荚焦脆。

④ 盛盘，撒点黑胡椒调味。

妻别五日

巧克力香橙椰丝球

沈倩如

雨很细，很春天。站在院子，天上的满月，初时隐约，继而视野所及渐渐清朗。门前小道铺满了微湿的落叶凋花，静得可听到自己的脚步声。月光剪影，虫鸣蛙啼，树叶瑟瑟，大自然正显亮。在银色的月光下，就这般了。此刻，竟不知该如何形容，只知自己可以站在这儿，体验简单的美，是件值得欣喜的事。

二楼窗子有人唤我进去。想起今天是周末，沙发电影院开演。关掉屋里所有电灯，只留窗帘透进来的月光，伴着看电影的情绪。很多时候，在家里，什么都不想做，看看电影，足以让我有心安又放松的感觉。看哪些电影呢？随意！除了很容易让人打瞌睡，又不知该如何跟着戏中人的蠢大笑的喜剧片之外。但今晚的片子，墨西哥来的《妻别五日》（编注：*Nora's Will*，大陆译为《诺拉五天》），说是黑色喜剧。天还冷，窝在沙发上，有渐来的暖温，即使睡着应该也不赖。

《妻别五日》是诺拉和荷西的故事。他们是犹太人，结婚三十年后离异，二十余年来隔街相对而居，又相互窥视。她是犹太教，自杀前，精心规划后事，迫使他前往料理。他是无神论，极力抗拒安排，却在不知不觉中按着她的意愿走。从为逾越节晚餐准备的冷冻肉开始，咖啡壶上的咖啡、冰箱里的大小盒食材、一一现身的亲友、巧放的告别文字、美丽摆设的餐桌，像一路丢下的面包屑，引他收拾。她下葬前五日，让他在百味中，再度体会曾有的甜蜜与伤感，领悟曾经的爱仍是挚爱。

电影的幽默趣味来自荷西很男人、很骨气地抵抗诺拉的"阴谋"。依犹太习俗，人死后应在 24 小时内下葬，而她选在逾越节前夕离去，儿子鲁本赴远地度假也无法及时赶回。之后四天，他只好认了，包办所有事宜。然而，桌上摆的望远镜使他顿悟，自己始终在她的窥视中，眼前全是她的刻意安排，他恨得改找耶稣墓园来办葬礼，令前来进行最后祷告的年轻在训教士摩西，站在十字架旁难堪。

接着，他在床底发现一张她与某男子的亲密照，马上怀疑她是否在外有不当关系。这位不断提醒别人已与前妻毫无瓜葛的人，竟翻箱倒柜地搜寻她的秘密，在意得不得了。打开冰箱，看到里头满满的料理便利贴，再见到那位不知所措的年轻在训教士，他一肚子的宣战气势扬起，拿起电话订了个火腿、培根和香肠比萨，挑衅地邀人家共进午餐，边吃还询问对方，一副营养不良状，可是吃犹太婴儿食品而来？他的举动，依对她的反抗来进行、揣摩。

戏演着，笃信天主教的女佣法比安娜、度假归来的儿子一家、半瞎的表亲莉亚，以及前来主导后事仪式的年迈难缠教士和相识有年的心理医师亚柏托，在未来几天，铺下宗教和文化冲突。她，始终躺在卧房地板上，裹着白布，靠干冰保存，安静无声地搅动周遭，聚合矛盾。

＊花丛月光清亮

两人离婚多年，彼此保持距离，不再亲密介入。当她过世，长年窥视所及的表面，层层被剥开探索。他在床下发现的那张相片，你可以说是她刻意留下的，也可以当做她不慎掉落的，因为，不论如何，透过它，以及其他她的蓄意安排和旧物，他依循去回想，关乎他们的回忆，过往婚姻生活中的快乐与忧伤，重新认识周边人，看到爱就在最普通不过的细节里。终于，他明白，她给他的遗言是什么，在读她写给他的最后一封信时，他能微笑释然。爱突然比较接近了，纵使有那么点无奈。或许，诚如教士所言，"每个人脑子在想什么，是很玄的，我们不该评判"。他对她生前十几次的自杀未果，终能宽容以待，知道那不是简单的直线逻辑，那些藏在片段记忆后的事实，自隐至现，他有了海阔天空。

《妻别五日》译自西班牙原文片名 *Cinco Días Sin Nora*，感伤中带点温文，英文版改为 *Nora's Will*，倾向意愿的抗衡，语带双关。这是墨西哥女导演玛丽安娜·切尼洛执导及编写的第一部电影，故事背景和情节部分来自她的家庭，表面看似平凡，却含隐了切身的观察与敏感。她的外公和外婆在第二次世界大战前来到墨西哥。逃离纳粹的外婆，决定在当地重新生活，不提过往的失落。结婚多载后离异，外婆

＊对街窥望

与外公对街而住，同样地亦自杀数次未遂，最终得手，对家人的冲击无可言喻。那遥远的家乡，是外婆永生无法解开的死结，断然分割只是更痛。上一代的过往成谜，无可追寻，导演希望借由此部电影，让自己从外婆的死得到解脱，为遗憾划上句点。

电影，算是小品，导演用温馨、诙谐、讽刺道出剧中人物，没有惊艳澎湃，有的是安静低调中，耐人寻味的感情。主角和配角的个性，在短短90分钟的电影里刻画得不错，举手投足没有演戏的矫揉造作。食物恰如其分地扮演串联的角色——诺拉预编后事剧本的共谋、荷西挑衅犹太教士的帮凶、团圆桌上的感念苦心。

饮食聚集了人，不论有神或无神论。诺拉利用逾越节，达到了不可能的任务，让疏远的亲友在她的公寓里共享晚餐。在训教士摩西和女佣法比安娜，一个犹太教，一个天主教，本着各自的宗教，对死者有不同的对待和看法。然她煮了一锅好鸡，让他吃得感动。他说，若非学习当教士，原是想当厨师的。有了交集，她二话不说地马上在厨房教授烹饪，一起料理逾越节晚餐。然而，饮食触犯了人，在不同宗教里。年迈犹太教士见到火腿比萨当前，训问荷西，逾越节怎请他吃发酵的面饼和非犹太式的猪肉？羞怒之余，教士告知所有人，诺拉的死因，使得葬礼出现更大的问题。

逾越节在春天，是犹太人的重要节日。当天晚餐有一特别的餐盘（seder plate），放的食物重述摩西带领他们祖先出埃及，重获自由的故事：烤羊骨纪念祖先离开埃及牺牲的羊；蛋象征重生；苦菜如辣根或萝蔓生菜，代表祖先为奴的苦；非苦菜如巴西利，是春天的鲜美，蘸盐水吃；盐水意谓祖先的泪水和汗水，亦是纯洁与海的象征；苹果核桃酒酱代表为奴祖先用于建造的灰泥；无酵饼纪念在埃及匆忙离开，没时间等面团发酵的苦境；四杯酒代表救赎的承诺。

逾越节前夕，家中所有的发酵五谷（与水或湿气接触超过 18 分钟）都得丢弃或消耗掉，节日期间，所有有酵之物均不能食用。平时用得到面粉的料理和烘焙，此时，得由无酵饼粉和番薯粉取代。不同种族国家的犹太人，准备的菜肴、不准吃的东西有稍许差异。电影里，诺拉预备的逾越节家宴有菠菜馅饼、甜甜圈、鱼饼、尤酵面包球汤、葡萄叶卷、镶节瓜、炖茄等等佳肴。友人说，那涵盖了源自伊比利亚半岛的塞法迪（Sephardic）和中世纪德国莱茵河一带的亚甚肯纳兹（Ashkenazi）犹太人的饮食，显示了剧中人物和导演的家庭背景。

不用无酵饼粉，无须面粉的甜点在逾越节颇受欢迎。椰丝球是我第一次做的无面粉甜点，当时自制冰淇淋留了一大碗蛋白无处用，找了椰丝来帮忙。这甜点身子轻盈，有赖蛋白，想更有型有款，只需将蛋白打到湿性发泡（搅打蛋白过程中，拿起打蛋器，当打蛋器头上的蛋白泡不会滴落，且拉出弯曲下垂的尖角，即为湿性发泡），或加点番薯粉。少了面粉的椰丝球，嚼来没有蛋糕软绵细腻的口感，多了外酥内柔的对比。

＊巧克力香橙椰丝球佐茶

此回再做，我原是将椰丝与蛋白和糖搅拌好了，却瞥见橙橘耀眼地立在一旁，尽对着我看，似乎要我别忘了它的存在。碗里椰丝洁白湿润，的确需要给它来点颜色，橙橘皮屑鲜艳又阳光，味道相搭相宜。拌好加了橙皮屑的材料，用圆匙舀起，球球排开，外层椰丝清晰可见，橘皮屑倒是腼腆地若隐若现。此时，若再撒些橘皮屑，不知如何？算了！椰香诱得很，速速入烤箱才是。

等待的时间里，卷上袖子，洗洗碗匙，没想到，香气瞬间从身后盘旋而来，袅娜地在我身边打转。忍不住，打开烤箱灯，张望里头的金黄，一层层晕染显现，映出了我心底的满意。正算计着待会儿是否要为小球们上巧克力酱，又或拌食的该是茶或咖啡，烤箱响起急促的哔哔声，吓退了脑子里的七思八绪。原来，短短 15 分钟已过，椰丝球已告成。

椰香奔放明亮得袭人，只是，欢喜之际倒有几分失意，橙香哪去了？不管了，先来一球试试。一入口，椰球不过才裂，那被囚在里头的橙香竟诡异飘来。没有宗教顾虑的我，趁椰丝球纳凉时，把 Nutella 榛果巧克力酱加些牛奶融暖，再用匙尖滴淋球身，挥洒间感觉自己似乎是有架势的甜点师傅，又像是无师自通的抽象画画家。就这样了。眼前的椰丝球，穿戴着隐隐约约的巧克力香橙香水，在乍暖还寒的初春里，有我的满意。

《妻别五日》

Cinco días sin Nora/Nora's Will

导演 / 玛丽安娜·切尼洛

Mariana Chenillo

主演 / 费尔南多·卢扬

Fernando Luján

巧克力香橙椰丝球

〔30 个〕

食材

——

○ 3 颗蛋的蛋白

○ ½ 杯加 1 大匙糖

○ 1 小匙香草精

○ 3 杯无糖椰丝

○ 2 颗橙橘的皮屑

○ ¼ 杯 Nutella 榛果巧克力酱

○ 1½ 大匙牛奶

做法

——

① 烤箱预热摄氏 175 度（华氏 350 度）；烤盘平铺烘焙纸。

② 将蛋白、糖和香草精拌匀，加椰丝和 1 颗橙橘的皮屑续搅拌。

③ 以圆量匙舀 1 大匙，逐匙放在已铺烘焙纸的烤盘上，每匙间隔 2.5 厘米（1 英寸）。

④ 入烤箱烘烤 15 分钟，表面呈金黄，拿出烤盘，置凉。

⑤ 将榛果巧克力酱和牛奶在小锅中以小火融暖，汤匙舀酱浇淋椰丝球，即成。可再撒些橙皮屑点缀提味。

莎拉的钥匙

亲 子 共 作 · 手 工 奶 油 饼 干

杨 蕙 瑜

夜里一场骇人的噩梦，我从中惊醒。春天的夜里，有些微凉，还带有丝薄东风。走进厨房，给自己倒杯水，暖暖了喉咙。梦中是四岁的儿子小 J，被锁在房间里。他声嘶力竭地哭喊，叫着妈妈。奋力拍打房门的声音过于响亮，我慌了，害怕了，我不知所措。钥匙到底在哪里？我找着，我翻着，我陷入恐惧的深渊。背脊一股凉意袭击，我醒了。

大概是这几天阅读《莎拉的钥匙》（Sarah's Key），让我思绪深陷。当法国警察要来带走莎拉全家，小女孩莎拉转动锁孔中的钥匙，并让钥匙落入口袋里。她告诉躲进狭窄的壁柜中的四岁弟弟，"我保证，晚一点一定会回来找你"。于是，读了整本书，就想知道她有没有救出米歇尔。书中的情节将莎拉推入了绝境，进入了集中营。莎拉一直握着那把钥匙，她知道，无论如何，她都要回家。

故事是以两条线进行。1942 年法国冬赛馆事件——因德军占领巴黎，犹太后裔的莎拉一家人遭到逮捕，被拘留的经过。二则是 2002 年旅居巴黎的美国记者茱莉亚，为了撰写周报专题，着手调查这个几乎被人遗忘的故事。

作者塔提娜·德罗尼（编注：Tatiana de Rosnay，大陆译为塔季雅娜·德·罗斯奈），拥有法国、英国、俄罗斯的血统。《莎拉的钥匙》是她首次以英文母语创作的小说，并在 2008 年荣获法国"科西嘉读者奖"和"书商首选书奖"。在她笔下的这两条主轴，在书中轮流呈现。

＊莎拉的钥匙

＊动物造型饼干

并在后面的章节，即六十年后，汇成共同的陈述。

　　首先，是小女孩莎拉要救弟弟的急迫与使命登场。在父母与她分开拘禁之后，她用尽办法要逃出去。终于，上帝给了她机会。林间屋子里的老夫妇收留了她和另一名女孩瑞秋。瑞秋因得了痢疾，医生通风报信，而二次被带走。莎拉由于妥善地藏匿，逃过一劫。但钥匙还紧紧地握在她手中。她心急如焚，因为她知道弟弟还在等她！读至此处，整颗心已揪在一团，年幼的女孩，命运何等凄凉，追捕的害怕仍未脱离，心却系着壁柜里的弟弟，只因她欠他一个承诺。可是她到底要怎么样才能回到巴黎？这绝对不是"扯掉衣服上的星星"这么简单！

　　另一方面，茱莉亚的情况似乎好不到哪里。调查屡屡受挫，持续多年的异国婚姻，于再度怀孕的事件曝光后，使夫妻的关系陷入紧张。意见的分歧、第三者的威胁，致使婚姻濒临触礁。腹中的胎儿，青少年的女儿与法国人总是闪烁其词的冬赛馆事件，不顺遂的一切，对她而言，是雪上加霜，根本不是踹个两脚就能了事！

　　然而，当调查继续进行时，真相已逐渐明朗，作者也带着读者看到了一丝曙光。她让茱莉亚与莎拉的命运交集，以现代人的角度来发掘过去这个令人伤痛的历史。而且相当残酷的是，这个原本隐藏得好好的，不可告人的秘密，竟与他们在巴黎的公寓连上关系，甚至那里的壁柜，也似乎曾揭露过一段让人无法面对的惊悚发现。

莎拉握着钥匙，而此时的我，双手紧紧地握住此书，像是我们同时在寻找答案，怎样都不能放开手上的东西。我全神贯注，无法停止阅读。夜深了，更暗了，我仍向答案挺进。作者无疑地，掳获了我的注意力。书中那道急于破解的谜题，彻底影响我。究竟，事情的结果如何？对小小的莎拉而言，是背着连成人都担当不起的担子与打击。而对茉莉亚来说，婚姻的交叉口，她要选择的，也是不愿有任何悔恨的人生。

于是，在那天夜里，当我昏沉沉地闭上眼睛，我看到自己的儿子被锁上的画面。震撼之余，我的身子猛然坐起，眼角还留有泪痕。看着儿子熟睡的甜美脸庞，我提醒自己，那是梦中情境。我呼了一口气，还好，这只是一场惊人梦魇。

话虽如此，有谁知道，1942 的法国巴黎、波兰华沙，还有其他地区，到底有多少犹太人死于不人道的杀害？又有多少人幽暗晦涩、悲怜、如地狱般人生的结局，不肯明白显示于记载当中？

安妮·弗兰克（Anne Frank）所著的《安妮日记》（*The Diary of A Young Girl*）、波兰电影《钢琴家》（*The Pianist*）、意大利电影《美丽人生》（*Life Is Beautiful*）等，有关二次大战犹太人遇害的书籍与电影，在后来的年代倾巢而出。大导演史蒂芬·斯皮尔伯格（Steven Spielberg）更是位犹太人，叱咤主导电影圈风云，拍下奥斯卡得奖巨作《辛德勒名单》（*Schindler's List*），叙述辛德勒与犹太人的记事。数年后又再度拍

＊饼干制作食材

摄 1972 年德国慕尼黑奥运会期间被杀害的以色列人事件——《慕尼黑》（*Munich*）。犹太人的故事，不断地被提醒，那数百万人所受的折磨与无法言喻的冤屈。

小说里接下来的几个章节，记录了莎拉的后半生，阐述了茱莉亚的抉择。回顾莎拉四岁的弟弟，正是喜爱点心、饼干、玩捉迷藏的年纪。但他留下的，是莎拉一辈子封锁，不愿再碰触的机密档案。这到底是不是莎拉的错？没人能给予解答。我不禁联想，如果我是莎拉，该如何选择度过未来岁月？

在严肃的深度内省中，孩子结束午休起床了。他拿着黏土与塑型玩具从床上跳下来找我。我看着他手中的可爱动物模型，灵光乍现。何不做个动物造型的饼干？这饼干刚好可以当我们母子俩春日里的下午茶点心。

牵着孩子的圆润小手，我走到工作台旁。拿出柜子里的面粉、蛋、奶油与红糖。这是一款相当简单的饼干料理。是面粉家族里不用繁杂养酵或使用人工酵母就可以做成的点心。传说饼干的由来是在一场欧洲的船难中，获救的船员在克难时期做出用以果腹的餐点，到了现代，却发展成无以数计的花式饼干种类。

面团揉好时，我使用擀面棍，将面团擀平。和孩子一起用他手中的黏土塑型工具，用力压了压。一个个动物面团终于成型。母子俩合力将所有的可爱面团一一地放进烤箱，当然做母亲的得时时补救孩子手中的不规则形状。不过，亲子共作的过程中，外形相对不重要了，让孩子从中学习并得到乐趣，相信比什么都来得珍贵。

烤饼干时，我煮起了冰糖梨子茶，是用市场上 NG 水梨煮成的饮料。刚好拿来配饼干。儿子则老是前往烤箱，查看好了没有，阵阵飘溢的香气让他坐立难安。

终于，我们合力完成的饼干烤好了。待稍微回温后，母子二人嘴馋地用手指头拎起烤盘内烫着的饼干吃着。我拿出儿子最喜爱的青蛙盘子装了些，递给他。儿子边吃还边舔着小手。我会心微笑，继续阅读。书中的情节已进入尾声，我真心期盼，儿子能平安健康地长大，也哀悼每一个来不及长大的孩子。

手做的奶油饼干，还有果香好茶，再准备一杯温牛奶，配着也行。没有任何的添加剂，或人工香料，有的是亲子共作的美好记忆。惬意

＊小 J 的笑靥

＊配温牛奶的饼干

的午后，我合上书，吃下最后一块饼干。当冬赛馆事件已然泛黄，真理终究水落石出，往后各自的人生是该放下钥匙，奋力开创，方不至懊悔此行。孩子，是生命的表征，是其延续。我起身，轻轻地走到儿子身边，紧紧地搂住他，并亲吻他的额头。直到他像只毛毛虫般，从我怀抱中用力地挣开。我知道此刻他只想战胜手中的玩具。"小宝贝啊！"我勾住他的小食指，"记得喔！妈妈真的好爱你啊！"只见他铃铛般的笑声，呵呵呵地，晕开了整个餐厅。

《莎拉的钥匙》
Sarah's Key
作者／塔提娜·德罗尼
Tatiana de Rosnay
译者／苏莹文
出版／宝瓶文化

亲子共作·手工奶油饼干

〔2～4 人份〕

食材

———

○ 60 克（2 盎司）奶油

○ 40 克（1.3 盎司）白糖

○ 1 枚蛋黄

○ 适量盐

○ 150 克（4.8 盎司）低筋面粉

做法

———

① 将奶油放在室温，等候液化。

② 糖放进液态奶油中，搅拌均匀，稍微打发。

③ 蛋黄进场，继续打发。

④ 面粉一些些分批慢慢加入，边加入边拌匀。

⑤ 用手搓揉成面团。用保鲜膜封好，放到冰箱冷藏 20 分钟。

⑥ 冰镇过后，将面团取出，擀成约 0.2～0.5 厘米的面皮。用模型做成各式形状。

⑦ 孩子若做得不好，可以稍微帮忙修饰。重要的是亲子活动以及孩子自己动手做的练习。

⑧ 将动物造型的饼皮放在烤盘上，送入烤箱，摄氏 180 度(华氏 360 度)烤约 15～20 分钟。

⑨ 成品出炉。可用筷子轻轻由底部铲起。放凉。

全面启动

安 提 瓜 黑 咖 啡

杨 蕙 瑜

在德国天才配乐家汉斯·季默（Hans Florian Zimmer）的低音乐曲下，结束了这场电影。此刻，正是散场之时，但，我却坐在椅子上，不想离席。

"到底是现实还是梦境？"我喃喃自语。但无论怎么用力想，都记不起来。

美国大导演克里斯托弗·诺兰（Christopher Nolan）在拍摄完光明与黑暗，善恶交错的《蝙蝠侠：侠影之谜》（*Batman Begins*）、《蝙蝠侠：黑暗骑士》（*The Dark Knight*）之后，走向人类最虚幻、无法掌控的潜意识世界，透过梦境将一切看似超乎极限，无法改变的事情，在惊险万分的状态下，一次又一次化为可能。

诺兰的手法利落且不着痕迹。没有过满的英雄主义。他所塑造的柯布，有着高超的做梦能力，却一直活在对亡妻梅尔的爱恋与近乎吞噬掉自我的强大罪恶感中。他想突破重围，却处处受限。唯一支撑他拼命完成任务的，是回家的念头，是对孩子的思念。

诺兰利用这样的主轴，带动整个电影的故事架构。说来简单，然而，里头对潜意识的未知，复杂交叉的层层剧情，再加上一场场枪战求生的刺激场面，对我而言，诺兰电影中有太多的思想与意念要传达，如排山倒海而来，就看你准备好了没有。

首先，他不管观众们对潜意识的认知度如何，用了很简短的时间告诉大家，人在做梦时，很多事都觉得真实，但梦的起头就是永远无法记得。透过撞击，人们可以回归清醒。而图腾，则让每个进入梦境的人能分辨睡、醒之间。另外，潜意识受情感驱使，而非理智；在梦中进行的时间会较快，甚至达现实之二十倍。电影里诸如此类的对话，混杂在情节中，以紧凑的速度交谈着，几乎使人无法喘息。

主角柯布是造梦者中之翘楚。因着返家的渴望，接受了在企业二代费雪的潜意识里植入想法的计划。他计划着，得造场梦中梦，才能彻底改变费雪与父亲的关系，让费雪关闭父亲的企业，独立门户。自此，六个人不可思议的梦中旅程陆续展开。

在使用强力的镇静剂后，组员间的梦境开始彼此联结。艾里阿德妮，一个学习力强的年轻法国女孩。她创造了三层梦境，分别是庞大的城市街景、暖色系的饭店与雪地中的堡垒。每层皆由不同组员做梦，以控制回到现实的时间。第一层，预计启动费雪与父亲的互动。第二层，植入费雪想自行创业的念头。第三层则火力全开，让费雪明白，父亲相信他的能力。不希望费雪接续他的事业。

＊黑咖啡

整个过程，是目不暇给的演出。原本已势在必得、即将顺利达成的任务，却因柯布潜意识中梅尔的再度现身，而使计划濒临失败，陷于胶着。无计可施之余，柯布铤而走险，进入梦境的第四层——他与梅尔建造的家园。在这里，柯布面对自己的内心深处，说出他对梅尔的亏欠，与浓浓的依恋。最后时分，音乐响起，柯布的梦境崩解，他原谅自己。"现在我必须让你走。"他告别梅尔，也得到了救赎。

　　对于诺兰在剧中处理费雪与柯布的情感，是一种生命的感动。每个人都有被爱的需求，都有不可碰触的脆弱地带。深埋在潜意识里的每个片段，皆交缠影响我们的人生。植入想法后，逆转了费雪原本对父亲的不谅解，也顺带让柯布走出挚爱梅尔的影子。不只是他们，其

＊法国巴黎咖啡厅

＊法国巴黎红磨坊

实你我都是——背负着过去情感的包袱，无论是正面的关系或是反面的伤害。这些过往情事编织堆砌成现在的我们，挥洒不去。于是我们会有忽然想大笑的时候，会因踩到心灵按钮而暗自神伤，甚至想号啕大哭的冲动时刻。

当柯布与造梦者艾里阿德妮在巴黎的街角喝咖啡，谈论着这些潜意识的变化时，我生命中所有的咖啡故事也被牵动。这些点点滴滴，使得我迷恋着啜饮咖啡的时光，并享受它带来的每次心灵洗涤。

数年前，初夏。某个机缘下，我和大J觅得某位烘焙大师，拜师学艺，卖起咖啡。这位老师傅是南台湾咖啡的先驱，过去颇负盛名。记得初次到他店里，他正站在一袋袋刚炒好的咖啡豆中。转头过来，再三确认我们的目的。

"很多人觉得煮咖啡没什么。"老师傅摸着如珍宝般的咖啡豆说着。此时，整间店里，充满着炭烤味的咖啡香气。"有些人自以为聪明，学

＊制作拿铁咖啡　　　　＊拿铁咖啡

了点皮毛，就认定没什么好继续的。"他喝了口咖啡，径自站起，走向吧台，继续说："我见过咖啡泡得最好的，往往刚开始不是最聪明的，却是最有热情的。"

接下来的日子，他示范各种咖啡煮法——黑咖啡、拿铁、卡布奇诺、维也纳咖啡……解释咖啡豆的选择——综合豆单品如：蓝山、巴西、曼特宁、摩卡等。之后，又说明咖啡调制的方法——热咖啡与冰咖啡的处理方式，手冲咖啡备品等内容。

时间逼着我们必须上场。大雨、细雨、炎夏或阴天；健康、生病、抑郁或欢乐。咖啡开卖时，我们总得神采奕奕。夏天过后，我们离开了吧台，结束咖啡的贩售，回去安分地当个上班族。直到如今，那年的夏日时光，仍旧藏在潜意识中，像涟漪般泛开，扣住我们的人生。

卖咖啡的故事渐行渐远，又过了几个仲夏。巴黎蒙马特区（Montmartre），位于塞纳河（Seine River）右岸的皮加勒红磨坊（Pigalle, Moulin Rouge）附近，有着整排涂抹着历史浓妆的咖啡店，在那里，我喝到别出心裁的欧蕾咖啡。

那是位染着蓝头发的巴黎女子。个子不高，却有着标准的精致轮廓。带着甜美迷死人的笑容，顶着略为庞克的发型，眉宇间透露出特立独行、行事干练的自我风格。吊诡的是，偌大古色古香的咖啡店，却挂着让人心动的价格。当咖啡端上时，我眼睛为之一亮。咖啡上层绵滑的奶泡，竟在我眼前如圆柱般缓缓上升，并挺直竖立着。瞬时，蓝发女孩在我们面前撒下肉桂粉，轻轻地。当粉末碰触到奶泡后，弹指间，奶泡崩落，坠入卜层的黑色咖啡海中。这幕情境如此真实，像柯布与梅尔的梦境，一幅后现代艺术创作，在梦醒时分崩塌毁灭。

要煮上一杯好咖啡，除了用美式或意式咖啡机外，还有摩卡壶（以蒸气加压来冲泡）、滤杯式（以滤纸缓慢滴流）、虹吸壶（Syphone，蒸馏式）等方法。每种方式虽有显著不同，我却认为烹煮之人，乃为首重。这位法国女孩的手法也许不是最新颖，但她的专注与精练，赋予那杯咖啡一份传奇的色彩。

近日，恰好到老师傅店里采买安提瓜咖啡豆（Guatemala Antigua）。这种咖啡产于危地马拉，大多种植于海拔 900～5000 英尺之间的山坡地。它的后劲十足，香浓且带有成熟浆果的香味，微酸的滋味会在喉

＊各式咖啡器具与配件

咙盘旋持久。

店里闲聊时，参观了各种包裹在麻布袋里的生豆。豆子烘焙的过程，着实是门大学问——它们会在锅内不断地蹦开，香气才得以释放。炒的时间多寡、豆子的种类、火候大小常影响咖啡烘焙的成果。

其实炒豆和做菜一样，端看厨师是要呈现炸物红烧或清蒸川烫。炒豆时间较长者，属深焙，本身的香味与油量、色泽皆会偏重，煮出来的味道会呈现焦浓、苦涩；反之，若时间较短者，属浅焙，豆色会偏向浅咖啡，味道淡香，豆子则呈现较干爽的面貌。而介在中间者则称为中焙。

这些来自哥伦比亚、也门、牙买加或夏威夷等地的生豆，在我们来访时，正安静地放在麻布袋中。户外的阳光照耀下来时，它们的身体浮着一层层深浅色泽的光晕。我想到在旅游生活频道曾介绍人们追寻咖啡豆的家乡，来到中南美洲的过程。画面中，播放出那些因阳光过度曝晒而有着黝黑肌肤的拉丁农夫们，他们正辛勤地采收一颗颗红色的果实。或是为了生活经济，或是为了传承国家文化，无论主因为何，他们终究为世人带来这极为特殊的礼物。思想至此，不自觉地想用手掌紧紧握住这些豆子。它们所代表的，该是触动人们精神上快乐、晕眩、多情的意义吧！当它们远渡重洋来到台湾，都经历了一场可贵的人生旅程。台湾也有一批咖啡的鉴赏爱好者，追求着高品质的咖啡，并乐意将它引进，分享给其他人。

＊磨豆机

＊也门来的咖啡豆

＊咖啡生豆

＊装咖啡豆的麻布袋

咖啡故事说完了，电影也散场了。在远方，咖啡豆的种植与收成持续进行着。无论今天或明日如何，我嗅着咖啡香，聆听《全面启动》（编注：Inception，大陆译为《盗梦空间》）中让人苏醒的法国歌曲 Non, Je Ne Regrette Rien（《不，我没有遗憾》）。歌词与旋律乍然响起，人生该像此部片所言，不断地被修正转变。

"不，没有什么。

不，我没有遗憾。

无论人们对我好，或是对我坏，

对我来说都是一样。

……

扫除那些爱恋，

还有那颤抖的余音，

永远地清除，

我要从零开始。

……

无论人们对我好，或是对我坏，

对我来说都是一样。"

《全面启动》

Inception

导演 / 克里斯托弗 · 诺兰

Christopher Nolan

主演 / 莱昂纳多 · 迪卡普里奥

Leonardo DiCaprio

玛丽昂 · 歌迪亚

Marion Cotillard

渡边谦

安提瓜黑咖啡

〔2 人份〕

食材与器具

——

○ 磨豆机（或请店家事先研磨好）

○ 15 克（0.5 盎司，约 2 匙咖啡匙）
  安提瓜咖啡豆（中焙）

○ 各 1 只滤纸 / 滤斗 / 钢杯

○ 350CC（ml）滚水（水量可
  依个人口味稍做调整）

○ 1 个阿拉丁滴漏壶

做法

——

① 用磨豆机研磨咖啡豆，将磨好的咖啡粉放
  入滤纸中。滤纸的底部与边部密合处需事
  前折起，置放于滤斗中。

② 烧壶热水，将滚水倒入阿拉丁滴漏壶。这
  种水壶的好处是它的出口处为细口，能有
  效控制出水量，倒出的水滴便不致过多。

③ 用手冲的方式（即滤杯式）。滤斗放在钢杯
  上，以划圈圈的方式将热水缓缓注入滤纸
  里的咖啡粉中。请注意控制每次倒出的水
  量，不可过多。

④ 水分若呈滤纸的八分满，需等候水位下降，
  再继续缓慢注入热水。

⑤ 热水倒完，滤纸的咖啡也滤过完毕，黑咖
  啡就完成了。你会觉得里头有你个人的味
  道，是旁人无法取代的。不打扰了，好好
  享受吧！

蕙瑜，

后院果树结的果，屡次在不知不觉中被小动物劫走，自家丰收的梦想，我早已舍弃。只是，在友人的菜园，见到一排接一排的蔬果，他们脸上收成的得意和分享的慷慨，又鼓动我隐隐约约的农场壮志。跟着常惹人饥肠辘辘的日本影集《深夜食堂》，来碗奶油拌饭，水煮刚从园子摘回的地瓜叶。味觉返回古早味，心底温存如避风港船只。

表姐，

今儿起得早，追逐乡土大作《后山日先照》的第一道曙光。纯朴自耕的农庄果园，宛若《杂货店老板的儿子》镜头下普罗旺斯之景，同为我所向往。近日火伞急速高涨，酷暑当头，我哪儿都不想去，倒乐于在厨房当个贤淑人妻，挑战金黄珍珠破布子。相信只要完工，就算下周热带气旋的狂风暴雨来袭，我仍能轻松在家煮碗清粥或炒份野莲。

夏

横山家之味

纯 净 的 生 鱼 片

杨 蕙 瑜

要怎么开始聊这部片？一时之间，实在理不出头绪。椅子上坐了许久，有想哭的冲动，但却没流下任何眼泪。我记得母亲刚过世时的情绪也是这般，木怔怔地站在旁边，过了好几刻钟，才语塞哽咽，全然释放泪水。

一切从刮萝卜皮的声音开始，"刷！刷！刷！"母亲用力地刮着。那是一对母女在做饭，讲着如何处理萝卜。母亲说："萝卜真是天才啊！可以炖，也可以烤。生的也很好吃……"尔后，转向女儿："你最好写下来……"在吉他优美慢板的配乐中，拉出另一条线。父亲走出房门，母亲告诉女儿："即使到了这年纪，你父亲还是希望别人叫他医生。"在母女窸窸的窃笑声中，横山良多的父亲外出散步，就这样走啊走，下了台阶，一路走到了海边。厨房的母女，是良多的妈妈与姐姐，双手不停地切着菜，捣着马铃薯泥，还使劲地抛甩一条条新鲜的青辣椒。

《横山家之味》（编注：步いても、步いても...，大陆译为《步履不停》），日本原名译为《步履不停》或译成《即使你走啊走》。两者之下，我较偏爱后者之意境。很白话的说法，有种加了"ing"，现在进行式的感觉。好像自己也不断地向前走，即使过世的人停下来了，就算含泪也好，仍然不回头地走下去。

导演兼编剧是枝裕和，日本早稻田大学文学系毕业后，便在电影界推出了许多关怀人性的作品。2004 年《无人知晓》，描述四个孩子被母亲遗弃后的生活风貌，入围法国坎城影展。在创作《横山家之味》

的脚本时，他谈到自己。诉说着其实自己鲜少回家，倒是在母亲生病后，进出医院数回，听着她叨絮儿时往事。母亲逝世后，他只花了8天便完成初稿，书写在长子忌日15周年的横山家族团聚中，所发生的一些事。

一个人到了中年，大概处在不上不下的阶段，挺尴尬的。在家中，上有父母得依命，下有孩子们迈向叛逆期，与你辩论何谓"期望值"。公司里，差不了多少。若是顺利当个长官，上也需对大老板言听计从，下还要处理草莓族无时无刻展现的自我意识。若是职场不顺利，也得终日看着年轻主管的眼色度日。这生活可真是难上加难。

横山良多也到了这年纪，过去有哥哥接掌父亲"医生"的衣钵，他乐得轻松，爱做什么就做什么。哪知大哥因救人而毙命，即使当时传为佳话，报纸还大幅刊登，但，那又如何呢？谁能递补大哥在这家中的地位与形象？谁又能免去这几年父母的叹气声，心中无奈地盼着另一个不成材的儿子回家？对良多的父亲而言，他失去了那位让他充满荣耀的儿子。于是阴霾总挥之不去，他退休了，但仍不愿拆除门口那"横山医院"的招牌。对于母亲，则老是活在回忆中，找寻聪明又孝顺的长子身影，就连良多在饭桌旁帮忙剥玉米粒，也要把他的表现说成是哥哥的。难怪良多在回老家的路上，没有片刻的愉悦，只想逃避。尤其自己又失业了，也深怕父母的耳提面命、啰唆一大篇。虽然在他们二老的心中，自己老早就是个没有出息的儿子。良多跟妻子嘀咕着不想过夜，在公车上，他还是想说服妻子，"就不

＊市场里的大西瓜

能是个快速的家庭聚会吗？"

　　被动、不愿有所为、想做自己、活在兄长的优秀阴影下，又怕被家人看轻的良多，也许是很多男人内心的写照。或许所有的男性同胞肩上都背着社会价值的沉重包袱。有些奋力一击，闯出了名堂，得到了掌声。但有些，力有未逮、怀才不遇，更或者，有些极度想逃脱"男人"的框架，却怎么逃，也逃不了世俗的眼光。

　　自所有成员到齐之后，横山家族边聊天、边吃点心。良多提着大西瓜到后头冰镇，这颗西瓜代表的是小时候的美好记忆。孩子们吃喝着冰茶与甜点，母亲则炸起天妇罗。父亲还是一贯地窝在他的"问诊室"，直到香喷喷的酥炸香气，传到了他的鼻子里。父亲与良多的冲突是最直接的，说没两句，即可嗅出火药味。根深蒂固的偏见，就这么存在于父子之间，未见改善。不过，在海边聊起棒球时，彼此却都十分珍惜那短暂的温暖。

　　良多的妻子由香里，在遇到良多之前，是一个带着 10 岁男孩的寡妇。媳妇此回要见公婆，自然压力也大，尤其她又带个陌生的男孩。从她一入门，递给婆婆的礼物，还称赞玄关的花插得真漂亮，便可以

知道她的用心，期望她与儿子都能有家人的对待。不过，婆婆对她的评语却是"冷漠"、"娶一个离婚的，比一个寡妇好"。尤怪乎，在晚上就寝时，她会对良多抱怨，这位婆婆对自己的儿子就像是客人，不像是家人。

这样的戏码，在台湾也很常发生。夫妻二人的结合需经营。然而婚后带进各自的原生家庭，还要彼此融合，可真是磨炼每对新人的耐力与智慧。婚前互动不多，甚至几近素昧平生的婆婆与媳妇，还要像家人般相处，共享厨房，或是互相服侍。坦白说，这应该是许多新婚妻子都经历过，是段腼腆、别扭、感觉上十分怪异的时期。也或者，这正是亚洲社会普遍存在的家族习俗。而相较之下，欧美的家庭反倒看开不少，承认每个人为独立的个体，给予足够伸展之空间。

＊撒上葱花与萝卜丝的生鱼片

日本的传统料理，在横山家的聚餐中，已可瞥见小雏形。日本人吃寿司、面豉汤（即味噌汤）、腌萝卜、炸天妇罗、生鱼片，还有各种日式米果、羊羹等糕点。第一次在东京吃炸天妇罗，是在银座。朋友领进门，马上到吧台前的位置（板前）坐下。当时我还纳闷，怎么不到旁边的方桌用餐，一来桌面大，二来大伙好聊天。但事后才明白，吧台的位置可得经过料理师傅首肯，且不是人人都有机会坐得到。的确，在吧台，除了能与师傅近距离接触，还能在最新鲜的食材炸好后，二三秒便端上桌享用。完全没有凉掉的机会。记得小时候吃炸物，一定得站在妈妈与油锅的旁边，一沥完油，马上就用小手拎着烫手的各类食材，享受"咔吱咔吱"、外酥内软的滋味。有时母亲炸的是番薯、茄子、四季豆，有时是黑轮、鱿鱼，还有时是炸鸡块。这种第一手的用餐方式，只能说是无可匹敌。

在东京令人难以忘怀的用餐经验，还有生鱼片。也是拜朋友之赐，一头钻进巷口，等候门前挂着一只蓝色布帘子，写着白色草书"刺身"的小店。店前早已门庭若市，朋友再三叮咛，想在东京吃到上等的生鱼片吗？可以！但请做好准备，得"罚站"2～3小时。原本对排队兴趣缺缺，但又心有未甘，这么远，来了这么一趟，若是错过，不知还等何时？于是恭恭敬敬祭上3小时的光阴，在狭小的巷口无聊地待着、

＊鲔鱼／鲑鱼／旗鱼生鱼片

站着。接着，脚太酸了，只好蹲着，最后，发觉坐下来更省事。

排队这档事，也只有在呼唤到你时，才会以朝圣的心情来面对接下来发生的任何事。那天晚上，是可以举起大拇指，以"宾主尽欢"来形容的。每天从北海道快递来的新鲜鱼货，如今在东京的餐桌上呈现。请问河豚有毒吗？如果你愿意将你的心与理智交给餐厅主厨，信任他，那你就能吃到晶莹剔透又弹牙的河豚生鱼片。章鱼、虾子、鲔鱼、鲑鱼、旗鱼……干净利落的刀工下，呈现日本人的摆盘艺术。碎冰之上，点缀深黄色的小雏菊，以及些微的绿叶，主角当然是入口甜美、绵密的生鱼料理。配上温热的烧酒或冰凉的啤酒，日本的红男绿女，在今晚的生鱼片大餐里，得到了不同于严肃工作的欢愉，也纾解了整天从四面八方，迎面袭来的压力。

＊生鱼片专卖店

轮到台湾了吗？是的，没错！台湾的生鱼片虽不如日本行销得响亮，但也占有一席之地。本地常见的鱼种有"鲔鱼"、"旗鱼"、"红鲑鱼"、"海鲕"等。意大利籍、日本籍的大厨在台开餐馆，可说从来没让他们失望过。一道道经典美馔，在台湾食材的广度中，蜕变成不同的风貌。

在家自制生鱼片，也是道既可宴客、又迅速方便的料理。你只需到熟稔的鱼贩那里，早几天吩咐："麻烦给我留些最顶级的生鱼片吧！"到时候，唯一的动作，就是负责取货。喔！差点忘了，咱们还可做件事，就是自己拿刀切鱼。对，相信自己，切生鱼片并不是难事。所以，提着整块完整的鱼肉回家吧！只要将长刀磨利，在客人来访的10分钟前，自冰库中取出整块鱼肉（可别冰过头变成冷冻鱼肉了）。慢慢地划下一刀，厚度够的生鱼片，食用起来会更豪气美味，你的牙齿可以咬到有"深"度的鱼肉，让品鱼的感受在齿缝中停留更长的时间，进而缓缓地退到第二线的舌头。

说理不出头绪，还聊了这么多。纯净、没有任何加工的生鱼片，有着没被破坏的美味与营养素。鲜亮的鱼肉，如蝴蝶般美丽，飞啊飞地，扰乱整个视线。配些"天才"型的白萝卜丝或黄瓜丝，是健康、无负担的料理。

生命不就是如此吗？我们工作，我们饮食，我们生活。不停地走啊走，走啊走的。

《横山家之味》

歩いても、歩いても…

导演／是枝裕和

主演／阿部宽／夏川结衣

纯净的生鱼片

〔2 人份〕

食材

———

○ 50 克（1.6 盎司）旗鱼块

○ 50 克（1.6 盎司）鲑鱼块

○ 50 克（1.6 盎司）鲔鱼块

○ 小块大黄瓜刨丝

○ 适量哇沙米

○ 适量酱油

做法

———

① 将旗鱼块、鲑鱼块、鲔鱼块自冰箱取出，以长刀切下厚度约 0.5～1 厘米的鱼片。

② 将大黄瓜丝铺平在盘中，放上切好的鱼片，即可上桌。

③ 将哇沙米置于酱油碟子里，倒些酱油。

④ 日式用法为，将哇沙米放些在生鱼上端，蘸酱油后食用。

盐田儿女

香 煎 虱 目 鱼 头 佐 酸 菜 鲜 蚵

杨 蕙 瑜

这个夏天，天气热得吓人，使我连外出的勇气都没有。找个时间，读起蔡素芬的《盐田儿女》。很熟悉的场景，一个是近在眼前的文学府城，一个是我居住的海洋城市。这会儿，活生生地在书中神气活现起来，只是，换了个样，回到1951年。

阅读完毕，心情仍未抽离。我在书桌前趴下，提不起劲工作。干脆到阳台，看着黄昏下奔波的红男绿女。诸多想法在脑海飞闪，煞不住。几年前，看了欧洲文豪的小说也是。贫富悬殊的欧洲，有着广大民众眼中无尽的束缚、急于挣脱的力量与被现实淹没的冲突与愤怒。盐田儿女与他们的作品停在雷同的社会背景中，那时代的捆绑抨击着我的理智，我好像想起些什么，只觉得整颗心没一刻平静，异常地跳动。

故事背景是台南七股，沿海的小村落。当时的环境习俗，婚姻多仰赖媒妁。于是因为父母的安排，彻底改变女主角明月的命运。面容俊美的丈夫，有着天生的表演欲，大伙却不知他嗜赌如命。当谎言拆穿时，明月已展开一辈子都在债务中，苟延残喘的日子。

大方是明月的青梅竹马，也是明月一生触摸不到的幸福。从他对明月有情有义，以至忍痛离去而后衣锦还乡。男女主角两极化的发展，像分开的两支线，越走越远，突显出非两情相悦下的婚姻，所带来的不幸。而这般痛苦的深渊，就算是他们曾经争取到短暂欢愉，依旧让人一路读来，都感到特别幻灭与不真实，恨不得有朝一日，两人能终成眷属。

＊市场上贩卖的生蚝

＊市场上贩售之虱目鱼头

多年以前，《盐田儿女》曾被拍摄成电视剧，由叶欢与霍正奇领衔主演。我很喜欢看高挑清秀的叶欢饰演明月，所表现出来的美丽气质与朴直倔强的个性。当她遇到霍正奇所诠释的大方，目视他那双充满浓情，又带有不舍、怜惜的眼睛，相信我，几乎每个女性都会被征服。其实，蔡素芬的作品，感觉上总擅长摹写旧时代传统力量下，被家庭所依赖的女性。这些女性坚强、勇敢、无异议地成为当时家族的精神支柱与生命主力。从她们的活动中，也可看出当时在地的风土民情与经济体系。乡村小路、晒盐、进港的渔船，与逢年过节时，村里的节庆。随着作者偶有穿插的台语文学，不啻是一本相当精彩的乡土小说。然而，这本书却也让我不断地思想，如果能重新选择，或勇于说不，明月与那时代的女性，能否脱离残酷命运的窠臼？

1983 年，廖辉英的《油麻菜籽》，与《盐田儿女》相似，也书写了早期女性的无奈与宿命。故事虽凄凉，但那年蔡琴唱的《油麻菜籽》，却红透半边天。我尤其热爱其中几句，"就算我的命运好像那油麻菜，但是我知道了怎样去爱，才盼望你将我抱个满怀。日子就这样荡呀荡地来到现在，经过了那些无奈与期待，我好高兴有了自己的将来"。

远在亚洲的北国——日本，也有出知名的连续剧《阿信》。在嫁给龙三之后，阿信想能过着富裕美好的生活，哪知一个东京大地震，震毁他们所有的希望。投靠龙三老家，被婆婆百般欺压的她，连怀孕时，还得下田工作，直到生出死胎。阿信的好友加代，更惨淡。顶着加贺米行大小姐的身份，极力想追寻自己的最爱，却因屈服命运，招来的丈夫营运不善，最后，落到成为酒家女的下场，连孩子都顾不着。

看来，无论是哪个地方，女性的确皆经历过一段不平等的对待。这群女性没有自主权，被视为家族财产的一部分。命运屡屡遭受摆布，在传统的巨轮下过着被压抑、榨取的人生。

女性意识的抬头，由欧美开始，解放了这时代的我们。正因前几代女性不惜流下血泪与发出呐喊，频频撞击那致命的重重枷锁，以至于到了现代，体制之门终于被打开。于是我稍有领悟，其实自己的自由是她们奋力换来的。不管哪个角落，所有的女性同胞都一样戮力推翻那不公平的桎梏。如今，该高声欢呼了，因为自己生活在此活泼的年代。女性们终于站起来了，说话大声了，可理直气壮表达自己的想法。婚姻，不再受人指使；生活，也不再饱受屈辱。男女共同有接受教育的机会。每个人都能追求属于自己的 Mr. Right，也都能谋得与自己兴趣相符的职业。

人们改变了，生活形态也为之变更。今日，七股的蚵棚与夕照绚烂无减，只是多了点商业味儿。人口虽外移，当地却已成了观光胜地，吸引游客前往驻足。附近乡镇如学甲的养殖鱼塭也相当盛行，除了采蚵技术已转向专业化，养殖业也有完整的生产链，培育大量的渔获。其中，又以虱目鱼远近驰名，成为台南主要的支柱产业。

交通的便利、时代的进步，台南人移居遍满北中南各地。蚵仔与虱目鱼演变成为许多人的怀旧家乡味。身为台南人后裔的我，各种做法的料理从没错过。直到现在，我家餐桌，这些好味道还是在必点菜单之列。

先拿牡蛎来说吧！夏季是它肥美的季节，若要品尝，得赶在台风来前。否则每每台风过境，蚵农的损失自不在话下。料理的方法众多。不管是用鸡蛋与白菜做成的蚵仔煎、裹了粉炸得酥脆的蚵仔酥佐番茄酱、豆瓣青蚵、丝瓜炒蚵、清烫鲜蚵佐芥末，还是冰镇生蚵、蚵仔面线、放了姜丝与酸菜的蚵仔汤、与其他海鲜做成的海产粥、什锦海鲜面等，蚵仔令人销魂的魅力，从来不因时间而减其风采，反而更加妩媚诱人，烹饪方法也益上层楼。

至于虱目鱼，更甭提了。台湾没有一种鱼类，即便多刺，全身里外还是都拿来食用，无一浪费。虱目鱼头、鱼肚通常拿来与凤梨豆酱一起炖煮，也可做汤。鱼肠可汆烫或油煎。鱼皮可煮汤食用，鱼身则能熬煮高汤，放些粗米粉，便成为大家都知道的米粉汤。或者也可去刺制作成鱼肉粥、风味鱼丸。也有人以整尾虱目鱼切块，和中药材一起炖成补汤。

南台湾各地多见这类的虱目鱼专卖店，里面有关虱目鱼的餐点一应俱全。店家多半从早上6点开始营业，直至中午过后。除了贩卖虱目鱼餐，现在更添加了肉臊饭、鲁竹笋、白菜、卤蛋、油豆腐等小菜。若有甚者，炒青菜、猪油拌面线也会出现当中。

几日前，顶着炽阳，在婆婆妈妈穿梭嘈杂的传统市场里，看到硕大的牡蛎，以及双眼炯炯有神的虱目鱼头。当下，我便决定了菜单。顺道采买了老姜、挑选了酸菜与芫荽。只要有点耐心，小火慢煎，富含胶质的干煎虱目鱼头必能美味呈现。末了，以锅内剩余的鱼油，再炒盘酸菜鲜蚵，一下子，晚餐就能搞定，美味与营养兼备。你说，先生的胃，能不被贤惠的自己收服吗？应是指日可待的呀！

　　愉悦地带着这些食材离开市场。我骑着机车，哼着小调，在巷子里绕着，找寻回家的路。此时此刻，我的心正充满炙热。我知道也许前人没有机会找到人生的自我，她们为了大时代，放弃了爱情、学业与志向。但对我而言，这些人的故事，之于我的影响，至今仍持续发酵中。当我做着祖先们曾料理过的菜，吃着一样的米，踩在相同的泥土上，我，成为了这里的一分子。如今的我，其实正接棒传承这里的文化素养。落笔至此，心灵顿时获得疏解，先前的抑郁烟飞云散。我大大地松了一口气，脸颊不禁浮现笑意。这下子，我终于明白了，原来是这片土地，让我不再成为油麻菜，我在这里找到了属于自己的将来。

　　敬这自由奔放的时代！干杯！

《盐田儿女》

作者 / 蔡素芬
出版 / 联经出版公司

香煎虱目鱼头佐酸菜鲜蚵

〔2～4 人份〕

食材

———

○ 4 个虱目鱼头切成对半
○ 1 小匙米酒
○ 1 株芫荽（香菜）切花
○ 300 克（10 盎司）青蚵洗净
○ 适量地瓜粉
○ 小块老姜切丝
○ ½ 颗蒜头切末
○ ½ 颗洋葱切丝
○ ¼ 棵酸菜切丝泡水
○ 3 株青葱切段（约 4 厘米）
○ 100CC（ml）大骨高汤

做法

———

① 虱目鱼头洗净后晾干或擦干。表皮抹盐。

② 起油锅，油温升高至略呈鳞波状，转小火，将切成对半的虱目鱼头放入，可将鱼头外侧（可看见眼珠那面）朝下放置。

③ 鱼头煎至摇动锅子时可移动，代表鱼头表皮已煎熟。轻轻将鱼头翻面，再煎另一部分至全熟即可。

④ 干煎鱼头起锅前，快速滴几滴米酒。摆盘后以芫荽装饰。

⑤ 续做下一道"酸菜鲜蚵"。

⑥ 蚵仔洗净，加入一匙地瓜粉，可保持鲜蚵的原有尺寸，不致缩小。

⑦ 在同一个锅内，下蒜头、洋葱，与姜丝，炒至金黄。

⑧ 将泡过水的酸菜放入一起炒。

⑨ 倒米酒与一半的高汤，待米酒与这些蔬菜炒香，汤汁收干，加入鲜蚵与另一半的高汤。转中火，快炒，放入青葱。鲜蚵的形状完整紧致坚挺，即可关火盛盘。

心灵暗涌

果香荫芋梗

杨蕙瑜

在缠讼 21 年的苏建和案再次搬上新闻版面后，其支持者与被害者吴姓家族，出现两极化的反应。

高等法院三审无罪定谳，让此案创下六度判死，三次无罪之记录。对于苏建和等三人，情绪是激动的，法庭内外亦是鼓掌声萦绕。这些年来他们朝思暮想的，是等待此刻的来临。只是为何当初会遭受不公平的刑求？为何会落到虚度一生，大好年华均耗在暗无天日的狱中？他们的心中该是五味杂陈，外人难以体会。不过，对于吴铭汉的家属来说，却又是满心无奈。谁不希望自己的父母老来健在，谁不期许将杀父弑母的凶手绳之以法，为他们雪恨，报一箭之仇？本来，在所有的刑事案件中，被告与原告便位于楚河汉界之两端，完全是至死都不愿交叉的二条平行线。

姑且不评论此案之对错，挪威电影《心灵暗涌》（编注：*Troubled Water*，大陆译为《无影无踪》）也以这相对立场叙述一个故事。全片分为前后两部分，前半段以犯罪者"杨"极力想摆脱过往，重新开始的角度来铺陈；后半段则演绎被害人母亲"阿妮丝"在失去爱子后的痛苦与辛酸。令人激赏的是，在预告片中便以双银幕来呈现这对立的人生。影片到最后，两人命运再度相遇，引发在对错之间，一连串让人思考的问题——究竟是否要饶恕？又到底是否要认罪？如果两个答案皆为肯定，那么，被害人又该如何才能释怀，心中怨气方能化解？加害人又要怎么做才能获得谅解，将一身污秽全然洗净，展开新的人生？

故事之始，是青少年时期的杨，与朋友在社区里溜达。而后年轻的阿妮丝推着娃娃车，来到一间咖啡店。由于阿妮丝将娃娃车放在店门外，独身入内买饮料，杨与朋友起了贪念，见车上幼儿正熟睡，临时起意将婴儿车推到远处，想看看车上是否有零钱可拿。不料，幼儿醒了，试图逃走。他们追赶之余，幼儿跌倒，头碰撞地上，出血甚多。杨与朋友惊慌不知所措，以为幼儿已死，将之抱起放进附近河水中，在湍急大水冲走之际，杨看出幼儿仍有一丝气息，但却仍让他随河流漂去。

　　多年后，杨已是成年人。当年因宣称幼儿是被石头绊倒而亡，减轻了不少刑责。出狱后的他至教会担任管风琴手，一心只想过正常人的生活。教会里，他邂逅美丽的牧师安娜。在与安娜数次的对谈中，两人曾对"罪"与"原谅"两大主题做过许多激辩。杨问安娜："如果每件事都是上帝的计划，为什么会有罪恶？"又问："如果人们的原谅不重要，那么，什么才是最重要的？"在安娜心中，大概无法了解，

＊芬兰坦普拉教会管风琴

为何眼前这位优秀的琴手，能够演奏出真正的教堂音乐的他，到底是遭遇何等事情，以至每回只要坐在管风琴前，他就会用生命燃烧诠释每首乐曲，柔软了每位听众的心。也许连杨自己都意想不到，在弹奏经典老歌 *Bridge Over Troubled Water*（《恶水上的大桥》）时，他的音乐会让恰巧带学生户外教学的阿妮丝，陶醉定睛望着演出者，进而认出这不正是让她失去孩子的杀人凶手？于是杨的平静日子结束了，阿妮丝眼中的泪水逐渐满溢。

一位杀人凶手，此刻正弹着圣洁诗歌！又偏偏，他弹得这么好，似乎将别人无法表达的，每个音符、休止符，停格或激昂的情绪，一一洗练地弹奏出来。你说，这是否充满讥笑、讽刺，让人难以承受？她知道，因为此人，这些年来，她如何过着愁云惨雾的日子，就算看到失事当天外带的热可可，都感到无比恶心。

阿妮丝的孩子，死于恶水之上。或许，这正是整出戏剧巧思之处。据说，此片导演为了取得这首 1969 年由西蒙和加芬克尔（Simon and Garfunkel）演唱的《恶水上的大桥》版权，在屡次遭拒之后，特地请人飞到纽约，让作曲者保罗·西蒙（Paul Simon）先看了试片，他在感动之余，才开放授权。果然，剧情的安排与这首老歌，像是拥有多年默契的好友，在管风琴的琴音中，《恶水上的大桥》配乐徐徐拉开，杨与阿妮丝的命运交汇，故事进入高潮，看来格外震撼人心。

电影暂时先搁着。为了迎接明后天强烈的西南气流，我停下影片，

＊芋横

出门预备一星期的食物。虽说雨天在即，今早却仍旧烈日高照。在艳阳下走了几条街道，拐了个弯，市场的人群，撑着五颜六色大伞的摊贩逐渐出现于远方。继续往前走，整箱凤梨、芭乐、西瓜等搬运的碰撞声；提着菜篮的妈妈们讨价还价的交易声；戴着麦克风吆喝喊价的呼叫声；还有鱼贩、肉贩大刀挥下，豪迈的剁剁声，或远或近，弥漫整个市集。

星期一的市场拥挤难得的人潮，大家都有预期屯粮的心理，每个摊贩前都热闹非凡。我在人龙中穿梭，来到熟识的菜贩前驻留，寻找各种食材。叶菜类几乎已被横扫一空，连洋葱、红萝卜、马铃薯也稀稀落落。看来我是来晚了，不过有样植物倒是挺吸睛——那是长了须的芋头及其长长的梗叶。

"这是什么？"我问道。

"芋横呀。"菜贩用台语很快地回答我。

正思索这特别的名字，几位买菜的欧巴桑也讨论起来。

"这就是芋头的梗啊！台湾人都说芋横哩。""炒凤梨豆酱很好吃喔！""对啊！软软的很入味，可是就是很难处理。""是呀！好几次削皮时，都弄得我手好痒……""哇！你如果会对削芋头过敏，削这个会更痒。不过，上回我做这道菜，一下子盘子就见底。厚工啦！所以在外面餐馆比较难吃得到，还是很值得！"……此起彼落的声音，在耳边七嘴八舌地响起。我马上决定带着这株比儿子还高的植物回家。相信它将协助我们度过几天菜价高涨的日子。

看到我抱着这高大的芋梗，菜贩显然有些担心，"你会煮吗？家中有老人可以帮忙吗？"她轻声小心地询问我。

　　我举头望她，露出促狭的笑容，接着胸有成竹地说："没问题的，包在我身上。"

　　过去曾在几间老店品尝过"芋梗"料理，大多是搭配凤梨豆酱制作。入口即化的触感，调以酸酸甜甜的酱味，第一次吃，就会爱上这道菜。不过，毕竟这道菜在餐厅界十分少见，甚至有些店家因烹煮时间不足，让顾客食下后，出现喉咙发痒的情况，导致许多人的第一印象不佳，便从此不再品尝。其实，只要克服剥除梗丝时的发痒现象，给予足够的烹煮时间，这道菜是绝对的古早味，佐饭的好料理。

　　从夜里持续不断的大雨，造成了山区多处坍方。午间新闻开始播放许多地方被恶水淹没、大桥冲断的画面。我想起冰箱里摆放的芋梗，台湾有众多食材是生长在多水的土壤里，米饭是、野莲是、芋头也是。

＊完成的芋梗料理

这种球茎类植物，喜好高温且潮湿的气候。生长过程中，耐湿与耐阴度极高。前阵子，恰巧在台湾北部，看到溪水旁的芋头田。芋梗与叶，整排随着东北季风摇曳生姿。不过，那里还不是种植芋头最多之处，台湾的大甲溪与大安溪交汇附近，由于拥有丰沛的水源与肥沃土壤，让大甲地区的芋头远近驰名。

我返回厨房，预备晚餐料理。这回计划做道"果香荫芋梗"，先取整棵芋梗的三分之一，其余分批煮完。除了以凤梨豆酱与些许酱油来焖煮，我还预定加入球茎芋头和当季的凤梨与苹果，用以加强天然果酸的香气与喉韵，并冲淡原有豆酱之咸味。不过，削皮的过程挺费时，我花了不少时间才处理完这些食材。好不容易，将表皮纤维全部处理好，在等候慢火荫芋梗的同时，我继续观赏这部片子。

恶水中杨极力拯救安娜的儿子，正如往事重现。诚如杨所奏音乐之副歌歌词："Like a bridge over troubled water, I will lay you down."（像是横跨恶水上的大桥，我将躺下让你渡过），也许，无论是苏建和案，《心灵暗涌》，或者任何人世的纠纷，像安娜所回答的："……有人从不原谅，但上帝原谅一切。认罪，接受木已成舟的事实，才是最重要的。"

荫芋梗的香气已飘出，打开锅盖，品尝成果。"好迷人啊！"我拿出冰箱里的咸水鸭，切了些鸭胸肉，清淡无油的鸭胸，佐鲜果芋梗。哇！真是太棒了！容我吹嘘一下，真的连自己都感到相当满意。

《心灵暗涌》

Troubled Water

导演／艾瑞克·波贝

Erik Poppe 〔挪威〕

主演／帕尔·斯维尔·哈根

Pal Sverre Hagen

崔娜·迪斯霍尔姆

Trine Dyrholm

果香荫芋梗

〔2～4 人份〕

食材

○ ½ 颗蒜头切末

○ 2～3 株芋梗切成约 7 厘米一
小段

○ ½ 颗芋头切块

○ 1 颗小型富士苹果去皮切小块

○ ¼ 颗凤梨切小块

○ 2 大匙凤梨豆酱

○ 适量酱油

○ 适量米酒

○ 300CC（ml）鸡骨高汤

○ 3 株青葱切段

做法

----

① 起油锅，下蒜头爆香。

② 放入芋梗，与蒜头拌炒。

③ 再下芋头、苹果与凤梨，淋上凤梨豆酱与
酱油，翻炒数回。

④ 米酒转圈洒下，倒一半高汤与些许清水。
汤汁稍微盖过食材即可。

⑤ 加盖，慢火熬煮。

⑥ 10 分钟后，检查是否收汁。若是，则放入
剩余高汤，再加上锅盖。

⑦ 约莫过 10～15 分钟，掀盖翻炒。确定收汁
后，即可放入青葱，关上火，以余温继续
焖煮。

⑧ 用餐前起锅盛盘。若有鸭胸或鸡胸肉片，
不妨一起搭配食用。

深夜食堂

地瓜叶奶油拌饭

沈倩如

所有的故事从夜晚开始,最温柔。所有的料理从家常开始,最抚慰。

巷弄有家小馆子,顶多只容得下十来位客人,营业时间从每晚12点至翌日清早7点。墙上菜单就列了一道定食,不过,只要是客人想吃的餐点,当天又有食材可做的话,老板都会尽力供应。

那晚,来了位知名美食评论家,一坐下,便与友人大谈高级食饮经验,且不忘职责地批评一番。小店顿时弥漫诡异,客人面面相觑,斜眼偷瞄老板反应。此时,一位上年纪的街头艺人拿着吉他走进来,老板端出他频点的奶油拌饭。

一碗热腾腾的白饭,加块奶油,等个30秒,再倒点酱油搅拌,简便极了。旁观食客们看得迷惑,不解魅力何在。那位客人不疾不徐地扒入第一口饭,竖起大拇指,其他顾客都跟着沦陷了。老板照例让该常客弹唱一曲当餐费。听着音乐,食评家心中百味杂陈,随后亦点一碗。从此,食评家四处大啖顶级餐饮后,都不忘到小馆子来碗奶油拌饭,吃着吃着,脸上尽写感动。当然,这两人的故事不仅于此,对他们而言,奶油拌饭自有其背后的意义和秘密,是两人生活的交集与无奈。

夜归的客人来来去去,有过气艺人、舞娘、黑社会老大、上班族……落寞的,孤单的,羞涩的,疑惑的,神气的,他们的故事在带着怀念元素的平凡料理中得到抒发。猫饭、纳豆、马铃薯沙拉、茶泡饭,匙筷间是心情的滋味。食堂老板似远又近地旁观,冷冷地凝视聆听,不多问，但他记得熟客，与他们的互动在眼神中传递。他脸上那道疤痕仿佛说着："我也有个故事。"

这家小馆子是《深夜食堂》。一个随性、不拘小节的空间，隔座的、对面的往往是陌生人，你愿意说，他们愿意听，酒足饭饱，挥挥手，明天将不再见。大抵是如此，有时候，你反而愿意在那个特殊的距离里，与陌生人诉说心情，没有评判的眼光，是一种藏在夜色与霓虹的温厚。

记忆中的日本漫画始终停留在《尼罗河女儿》。当年三更半夜闷在被窝里，循着手电筒微光和画中人物星光闪烁的眼睛，一格接一格读着永无截止的剧情。在网络上看过根据安倍夜郎所著《深夜食堂》改编的同名电视剧，有时，从片头的猪肉味噌汤开始，一种漫溢的惘

＊奶油拌饭

怅便渲染上来，而每看一集，也是一场折磨，在往昔轻拂的深夜里，被美食狠狠诱惑着。

食评家和街头艺人的故事结束了。夜晚，不管黑得有多深，我跟着来碗奶油拌饭。电子锅上的红灯还亮着，饭还热着。切块无盐奶油，放到微冒热气的白饭里，30 秒，待奶油渐化，倒些许酱油，拌几下。奶油舒缓酱油的咸度，酱油清淡奶油的油腻，两种香气温润结合，与台式古早味猪油拌饭有异曲同工之妙。

记得 17 岁那年，和三五好友搭夜班火车上台北。热络的谈天道地声里，火车行进的规律节奏在伴随。抵达 M 的台北阿姨家，天色仍暗，公寓空无一人，餐桌上摆张小纸条，叮咛拿炉上的卤肉拌电子锅里的白饭吃。一伙人叽叽喳喳的，卤肉都懒得热，直接盛起 大匙加到热饭里，M 坏心肠地只要凝浮在上头的油，坚持这才是白饭最佳拍档。就着厨房夜灯，我们安静地吃了起来。少见的无声是满足，是与好友分享食物、相互打气、交换心情的快乐。胃填满了，外头浮噪声隐隐约约，清晨即将展开，室内的我们放松地被安抚着。

和着青春时期的美好时光，这一刻，台湾与我很接近。

拌饭之际，心里盘算着，酱油和奶油的组合还可以如何与其他食材排列组合。比如，奶油拌饭上头加个荷包蛋，划开蛋白，蛋黄一倾而出，沾留在饭上，浓稠中别有味道；清蒸蛤蜊、烤玉米、炒野菇、水煮

＊甜菜苋菜收成

蔬菜，都可以趁热拌些来吃，甚至加些巴萨米克醋，来点意大利风味。

下午才到新认识的王氏夫妇有机菜园参观，园子一排接一排，走啊走地，王太太不断吆喝我多采些。望着那引人的绿，我心里想着到农夫市场摆摊，而园子主人可是将大部分收成拿去帮助失业和无家人。当天带回一袋沉甸甸的蔬菜，有地瓜叶、空心菜、甜豆、韭菜、塌棵菜（亦称塌科菜，是上海人做菜饭用的菜）、大蒜、夏瓜，我这免耕种的人乐得当现成的享用者。已退休的他们参与教会活动、当义工、学新东西，整天忙得不得了，还抽空到社区园子享受亲自种植的乐趣，从整地、播种、接枝、浇水至施肥，饭桌上的青菜多是自家丰收。

眼见奶油和酱油还在桌上，心血来潮，想起台湾另一道古早味——酱油蒜拌地瓜叶。现收成的蔬菜最是诱人，无需繁复地处理，我将食

*甜豆

*雪豆

谱和美食杂志撇一旁，把地瓜叶稍做清洗、摘折嫩茎叶，准备再来道拌饭。先盛碗热腾腾的白饭，撒些蒜末，铺上川烫沥干后的地瓜叶，放块奶油，淋点酱油，便可搅拌上桌了。鲜鲜绿绿的地瓜叶，在奶油陪衬下，显得格外鲜明。最近搬家、找房、工作，疲惫不已，看着眼前这盘地瓜叶拌饭，感觉窗外那片饱受旱热折腾的草坪，瞬间从干黄变成润绿了。

终于明白，当肚子被银幕里的美食搅得一团乱，脑子不清不楚，后果即是两碗饭下肚。沉寂里，收洗碗筷，打开窗户，夜，沁凉如水，水，清冷如冰。老老实实地，把眼前的黑一幅一幅细看，好像只要再用力点远眺，循着月光，那绵长的远端，就是家乡。一抹暖意在心中微酿，有着满足的温柔。

当周遭慢慢地黑暗，声音渐渐地低沉，走过白天世俗，所有思绪缓缓沉淀，你开始卸下防备，那些在体内无声无息的记忆，冷不防地游移上来，照亮眼前的路，于是有了坦白与倾诉。

有没有那么一个夜晚，会让你静下来，听听回忆经过的声音？有没有那么一道料理，会轻轻牵动你的心绪？

《深夜食堂》

改编／安倍夜郎同名漫画

主演／小林薰

地瓜叶奶油拌饭

〔1 人份〕

食材

——

○ 一把地瓜叶

○ 无盐奶油

○ 酱油

○ 蒜末

○ 白饭

做法

——

① 地瓜叶洗净，去粗茎。

② 锅中水滚后放入地瓜叶，再次水开后，取出沥干。

③ 热饭上撒些蒜末，放地瓜叶，加块奶油，待奶油开始融化后，淋上酱油拌匀。

后山日先照

冬 瓜 排 骨 酥 汤 球

杨 蕙 瑜

拿起《后山日先照》此书时,封面那张泛黄照片捕捉我的目光。那是日据时代的一张家庭照。家人们和谐地靠拢,老奶奶坐在正中央,很规矩地梳着发髻,连身素面深色旗袍,双手则放置在腿上。封面之左,列出一段文字,其中写着:"……故乡,其实都曾是他乡……"这是一个发生在岛屿台湾,书写民族融合,属于你我的故事。

翻阅此书前,曾看过电视上演改编过的戏剧,含重播的部分,已然不知几回。我很喜爱艺人张美瑶的演出,将"先生娘"的角色扮演得丝丝入扣。为此,当数月前,张美瑶因病而逝的新闻播出时,我还为之感伤,真心可惜少了一位演技派的老牌影星。

故事的地点,设定于作者吴丰秋的故乡花莲。后山,指的是中央山脉以东的花东纵谷地带。因被群山阻隔,开发较晚。此区面向太平洋,有丰沛的雨水。夏日时分,台风过境,后山人会坦然无惧地迎向狂风暴雨的肆虐。雨过天晴、万里无云的日子,日出,会比山前还早来报到。

"大选"期间,政客们时有争相至后山迎接第一道曙光的活动。从后山走,越过玉山,来到西台湾,提及日出,阿里山为其代表。不管是花东还是阿里山,那风起云涌,飘忽山岚,层层堆叠的云海里的美景朝阳,皆是众多旅人曾歇息停留、搜索回忆之处。

从后山的日出,我们将重新看到台湾的悲情历史。这本书的背景时间是从二次大战末期、国民政府陆续撤退抵台、"二二八事件"到"白色恐怖"。那时期的台湾,虽饱受侵略、分化、逼迫、指控与冤屈,但吴丰秋却致力于当中各族群的关怀、接纳、饶恕与融合。刻意将"爱"放进书的主轴，主要是与他的经历息息相关。吴丰秋自毕业离家，活跃于民主运动，过程中却因某些因素，历时整整二十年未能返台。他在自序中说道："曾经，我因乡愁之苦而抓狂；结果是在短短的一年多里，去了两趟陌生的国度古巴。"没错，中美洲的古巴，正与台湾的环境相似，有着甘蔗田、槟榔树、香蕉园、猪舍以及在乡村产业道路上追逐啄食的鸡鸭。思乡情怀，在1987年解严时，催促他回到家园。当飞机在桃园机场上空盘旋，呼唤的声音响起，他心中呐喊着："我多苦多难的故土台湾！"

正因度过这些肝肠寸断的光阴，使他能在内文的第一章，由一个美国战俘与日本巡佐作为始，写下洋洋洒洒的世代作品，并处处流露出，即使在种种严苛体制下，仍隐藏着无限宽容。

书中以先生娘周雨绸，纵贯全场。世上若真有其人，必定广受后代子孙之钦佩与爱戴。她是哈尔滨人，因父亲是瑞芳水师的师爷，故驻守台湾。她父亲与泰雅族人结义，因而有位泰雅族人的弟弟。陈北印，是她先生。近祖三代在葛玛兰悬壶济世，为道地台湾人。她本身是个产婆，在村里接生孩子。于是，如此多重身份，造就她成了"后山人"的精神模范。美军来台，陈家藏匿了受伤的美国大兵；国民政府接收台湾时，她收养了两位落难的外省女孩。

当时间随着台湾大环境的变迁，躲过日军的突袭，"二二八事件"

＊日出

＊花莲太鲁阁景色

时，其夫陈北印被枪杀，子女纷纷躲至山上避难；及至后来孙子女们渐长，参与学校民主运动，引发诸多事端。在她周围，虽坏绕不同的族群，但无论是何背景，只要来到她家中，她皆视如己出。每天，太阳光照大地时，她便早起，照料九个孙儿女，在附近的茶棚奉茶，还挑着担子沿着街头去卖菜。

落在数十年前的这些故事，离我们不远。如今透过吴丰秋的文采，再一次提醒我们，我们的祖先虽来自各方，缘分却已将我们紧紧相系。我们共同在此生根苗壮，爱里当化解所有的敌对与仇恨。

林语堂曾写过《京华烟云》，比拟曹雪芹之《红楼梦》。而书中对于陈家这个大家族之亲友邻舍间的互动，也有着三代同堂纷纷扰扰，栩栩如生的描绘。当文章提到少校来访时，特别点出那年代的饮食文化——陈家的大媳妇与二媳妇从厨房提来一个大食盒。孙女耕兰则送来新沏的茶水。不一会儿，餐桌已摆好，桌上放满用热油去炸的炸薯签，以蒜末与豆豉爆香、焖炒出来的豆豉苦瓜。炸鳝鱼、甘味十足的梅菜

扣肉、清爽少油的白斩鸡、五柳枝黑毛鱼、一盘酥炒土豆、好几盘菜园里的绿蔬和一大锅笋片肉丝汤，每人一大碗糙米饭，外加一小碗米酒头。

这类家族们围炉吃饭的情景，连同陈家附近的奉茶亭，当今都会地带应属少见。所谓的奉茶亭，乃是台湾早期社会结构，浓厚人情味下的产物。那时有些村民，会在自家门口，提供一壶茶水，供路过的庄稼汉，或行人休憩喝茶乘凉之用。如今台湾的便利超商转角可见，矿泉水、饮料等无数品牌充斥各个商家。就算这家不满意，他处还有现泡的茶饮专卖店。不想久候者，只要一通电话，尚有提供外送服务。

类似此种现冲现调之茶品，最让我百喝不厌的，莫过是冬瓜茶系列。我一直爱恋这古早的味道，从少时就有的单纯记忆。说来神奇，冬瓜茶虽喝起来偏甜，但加上青茶、绿茶、乌龙茶或柠檬，就浑身散发出让人无法招架的魅力，至少对我而言是如此。

冬瓜做成茶品，历经数世代各式饮料的挑战，仍占有一席之地。冬瓜料理亦相仿。冬瓜蛤蜊汤，自古就流传清肝解毒之效；荫冬瓜、冬瓜封，则糅合卤肉酱汁的美味，便成了下饭的好菜肴。冬瓜盅，更是道中国经典大菜。蔡珠儿的《红焖厨娘》，提到冬瓜盅时，如此叙述："有如清汤版的佛跳墙。"将猪肉、鸡肉、各式海鲜或干料，全数集合，熬煮之后放进清蒸好的半颗冬瓜。用料虽多，但混杂之余，却有着似浓郁又淡雅的芬芳。有些大厨不忍冬瓜皮闲着，刻下龙凤吉祥图案，让品尝美食之余，还能欣赏当代艺术之创作。

宋朝郑清之曾这么描写"冬瓜"——"剽剽黄花秋后春，霜皮露叶护长身。生来笼统君休笑，腹内能容数百人。"其言之意说尽了冬瓜的长相。冬瓜，原产于中国南方与印度，连皮带籽都可用以药引。其形状似枕，又名枕瓜。因成熟表皮有白霜，命名为冬瓜，也名白瓜。而体积硕大，故种植面积须广阔。根据研究，冬瓜能利尿、解渴、降血压，甚至美容美白。在台湾，一般产于夏季，若保存良好，甚至得以储存。

我喜欢冬瓜料理，也极爱早时街坊的奉茶意义。雨绸临终之时，撮合孙子耕土与外省养女雅惠的婚事（阅读至此，开始想着待会儿晚餐的热汤，来锅冬瓜排骨酥汤应该不错！可是我得先将结局看完）。从此故事进入这对苦命鸳鸯身上。度过白色恐怖，雅惠死而后生。在她漫步到奉茶亭，望着"奉茶"的斑驳红字，她的心感到踏实平安。其实奉茶亭的外观虽老旧，但却与离世的先生、先生娘一般，是一个后山人，日出人。不管面貌或衣着如何，重要的是他们朴素又牢固，坚强存在，勇敢活着的那一层意义。

家人的按铃声，划破了宁静。光沉浸于书中的对话，晚餐的备料时间就这么着硬生生地给错过。我以飞快的速度，冲向厨房，没办法了。厨子今天来不及上工，只能明天才做菜了。不过，我答应大家，明天必定煮这锅冬瓜排骨酥汤。这汤，是将澄净、淡味、温柔的冬瓜，配上强劲酥炸的排骨酥,并在芫荽的陪伴见证下,缔造完美的汤品。冬瓜,必须煮到服服帖帖的软绵;排骨酥呢?也得柔嫩入味,释放油炸过的肉香。明天,说好的,就是明天。我一定会做个日出人,赶在大伙上工之前,做好这道汤。我得赶紧记下来,最好还设个闹钟,再忘记可就糟了。

《后山日先照》

作者／吴丰秋

出版／跃升文化

冬瓜排骨酥汤球

〔2～4 人份〕

食材

———

○ 适量酱油

○ 适量米酒

○ 少许黑胡椒

○ ½ 颗蒜头去膜切碎末。

○ 300 克（10 盎司）排骨

○ 适量地瓜粉

○ 1～2 升（L）大骨高汤

○ 1 片冬瓜去皮切块（冬瓜皮
　勿丢弃，可一起炖汤）

○ 1 撮芫荽切细花

○ 2 株青葱切花

做法

———

① 将少许酱油、米酒、黑胡椒、蒜末倒在排
　骨上，拌均匀。在冰箱中存放半天。

② 拿出入味的排骨，沾上薄层的地瓜粉，入
　滚烫的油锅。

③ 排骨呈金黄色即可取出。一旁备用。

④ 另外将大骨高汤加热，放入蒜头与冬瓜，
　小火焖煮。

⑤ 冬瓜呈半熟时，加入排骨酥与米酒一起炖煮。

⑥ 起锅前，撒下芫荽与葱花。

⑦ 若加些面条也很合适喔！

杂货店老板的儿子

破 布 子 炒 野 莲

杨 蕙 瑜

公立市场昏暗的一隅，有间看似历史悠久的小小杂货店。里面的干货应有尽有——酱油、番茄酱、沙茶酱、芝麻油、镇江醋、面条、冬粉、米粉、米、数不清的罐头。另外如绿豆、红豆、黄豆等豆类；冰糖、黑糖、细砂糖、盐巴、蒜头、红葱头、油葱酥、干木耳、干香菇、莲子、昆布、鱿鱼、虾米、咸花生、炸成酥酥的豆皮、豆轮；还有新鲜鸡蛋、咸鸭蛋、皮蛋，甚至小朋友喜欢的养乐多、卡哩卡哩、卷成辫子的古早味饼干、菜铺饼……我想不出来还有什么没卖的。

在这种小店，往往可以看到许多婆婆妈妈。有时聊着煮菜心得，有时聊着家中的不肖子，还有那她们口中俗称的"死老猴"，如何如何地不长进。虽说到痛处，都气得牙痒痒的，但只要讲到一家老小回家吃晚餐，儿孙们赞美着她们的办桌菜（编注：办一桌菜请客），还是会不经意地露出得意或幸福的微笑。

这里，也是我经常采买之处。除了可以买到各式台湾本地的干货，还可探听到许多独门食谱。那些长辈都会大方又仔细地说明着，生怕漏掉哪个环节。然后告诉你，"我煮饭几十年了，这是我妈妈的婆婆教的，或是几代前传下来，我媳妇偏是不想跟我学。想当年，我就靠这味如何赢得婆婆的欢心……"等等之类的话语。

有些传统的料理方法便是这样偷学来的，道道比书上精彩。只是掌厨的我，仍需多练几年内功，方有炉火纯青之境界。我就是在这儿

＊市场内传统杂货店
贩售的各级干料

143

看到腌好的手工破布子，放在一个大型的酱缸里。除了已完工的部分，还有颗颗刚采收的破布子，连同枝梗挺立在麻布袋里，格外引人注目。这也是最近店里应景新进的当季产物。

老板娘招呼着大家，还使个眼色给刚进门的儿子，要他帮忙生意。客人，络绎不绝，说话的声音环绕着小店。我蹲在那装满破布子的酱缸前面，闻着这古老的气味，抬头看着这对母子的互动，想起前阵子看的法国片《杂货店老板的儿子》（编注：*Le Fils de L'épicier* 大陆译为《杂货店家的孩子》），心里不禁更加明白那部作品的精髓与意义。

也许，身为一个杂货店老板的儿子，不一定会想承接母业。对吗？缤纷的大都市里，有的是工作机会。只要肯努力，谁都可以离开那平凡而略显脏乱的市场。

戏中的男主角安瑞，便是一例。他是史萨佛家的二儿子，长年住在巴黎，担任服务生的工作。即使父亲病倒了，母亲力劝他回家帮忙家里的杂货店与店铺车，他也百般不愿。最后，在被餐厅老板辞退后，不得已才回到普罗旺斯的老家。就这样，杂货店由母亲经营，他则开着父亲的店铺车到乡间兜售食物。刚开始，他不明白为何父亲要开着店铺车，在远方的山间阡陌中穿梭。在那种偏远地带，挣不了多少银两，住的尽是一些独居或无依的老人。买的东西多半是三颗番茄、一瓶豆子、一块奶油起司、几个青椒或是一些樱桃葡萄。

他卖得不耐烦，加上喜欢的克莱儿离他而去，出院的父亲又与他

＊市场内之传统杂货店

起了争执，他几乎要放弃。但后来，他渐渐与这些老人建立了友谊——帮忙到教堂祷告，载她们去烫头发、拿药、帮忙克雷蒙老先生修理鸡舍，还将母鸡下的有机蛋拿去贩卖。他做出了成绩，改变了与父亲之间的关系，也做了社会公益——服务独居老人。

法国南部乡村，在土生土长的导演艾力克·吉哈多（Eric Guirado）手中，显得格外恬静生动。让欣赏此片时，也来了趟普罗旺斯之旅。当他采用当地人来饰演邻居时，也为此片多添加了亲切与真实。当今社会高龄化的人口结构，导致独居老人普遍存在。台湾虽然超商众多，但少了些市场里杂货店独具的人情味。不过，要年轻人整天待在市场里，的确需要克服周遭环境的眼光。当大家一味地称羡高科技人才的同时，这些接续传统产业的人们却总是被忽略。当然，也有许多具才干之人选择回家乡发展传统产业，当他们固守着传统，更需要大众给予更多的支持与肯定的。

离去时，我采买了手工粒状破布子，还有新鲜现摘的。杂货店老板的儿子手脚敏捷地帮我装袋。看来他已克服婆婆妈妈们的七嘴八舌，决定直接在这里服务人群。之后，我逛到旁边的菜贩，看到野莲，也带一包回家。

这种原本是美浓中正湖里生长的浮叶植物，吃起来轻轻脆脆的。我们所食用的部分，是那长长的假茎。据说，它的根会扎在水里的泥土，叶柄会循着阳光通达水面，在水面上长叶开花呢！

就这么决定吧！明天午餐来份破布子炒野莲。于是，回家后，首先，必须处理这些生鲜的破布了。老板娘提供的食谱在心中流窜——先清洗所有的破布子，完毕，在水中摘下一颗颗晶莹剔透的小珍珠。

有关破布子的故事，早已流传几个世纪。破布子又称树子，主要盛产于中国南方沿海及南亚、东南亚地带。早期因它强悍的生命力，零零落落地生长于田间或房屋角落。目前台湾最大的产地是台南左镇、玉井、龙崎等地。炎夏时分，传说破布子的到来，是为了当季燥果而生存。中国古代有"既生瑜、何生亮"的演义，植物界也有互斥互补的食材，如：泰国的榴莲与山竹，西瓜与龙眼、荔枝等。而破布子与芒果，也是一例。话虽如此，这对人类倒是件好事，因为尽管这两号人物水火不容，个性迥异，但破布子健胃、清毒的功效还是帮了甜美芒果会导致过敏的忙。于是，自从这个事件对簿公堂，被远古的祖先发现之后，人类就当起了和事佬，瑜亮情节自此被改写，此后，他俩就时而联袂出席在各家餐桌上。

"文建会"提供的台湾大百科全书也补充说明，昭和七年，即1932年，连雅堂撰写的《雅言》提出日占时代，台南府城的居民就以破布子佐饭。他是这样描述，破布子"入锅，下盐煮之，粘合如胶，可佐饭。又与豆腐同煮，浓淡得中"。又，台南人多吃黄檨（俗称芒果），引起胃部痉挛，"食破布子可愈"。当时民间说法确实如此，不过，近来又有另一派人士指出，芒果的过敏原其实是存在于果皮，当果皮熟

＊现摘之破布子

＊破布子入菜

透即无过敏之虞，所以根本无需破布子的帮忙。但无论事实为何，众说纷纭之下，这些果实还是每年都会同时在酷热的台湾等地，个别出产，供人们品尝。

清洗的过程看似容易，但没做到腰酸背痛，两眼花花，双手沾满黏稠的汁液，可能不知其中辛苦。摘下的枝梗，在旁等候人生最后、也最重要的贡献。说来神奇，破布子煮后产生的黏液与胶质，任何碰过的锅碗瓢盆都会遭殃，所有的工具皆无法清洗，但遇到自家枝梗，倒是乖乖束手就擒。这些附着的黏液会随着枝梗一起离开所有沾染过的器具，走向人生最后的旅程。

破布子摘下后，整锅美丽的果实便要开始烹煮。一般，破布子的做法有二，粒状与块状。为了彻底释放出所有的黏液，大J和我做起块状的。此时，只要先倒入水中，水淹过果实，文火伺候即可。水不可多，也不可少，就是要刚刚好淹过它们。你看！真的是很计较的。只要水过多，黏液就会被稀释无法成形，水若太少，就会遇到煮不熟的麻烦事。这时你会想，都已经腰杆不直、两腿发麻了，如果还煮不成，真会令人泣不成声。

煮食期间，可制作饱和食盐水。中学化学课上过，将盐或糖放进水中溶解，当溶到一定程度，无论用何法都无法溶解时，便称为饱和溶液。还好，书没白读，没有对不起老师。

之后，做配料，切姜末、蒜末。一晃眼，两个小时过去，当一切准备妥当，重头戏要上场了。此时，破布子锅仍不离火，因为离火温度下降又遇上盐分之时，便是破布子塑形之始。意即，破布子只要离锅，就须跟时间赛跑。拿个盛饭的碗，先放些许盐水，轻微摇晃至均匀分布整个碗的内侧。迅速舀一汤瓢的破布子放进碗内，不需太多，约½碗分量即可。再注入些盐水，并放进姜末、蒜末。用小汤匙加以铺平并压紧，使之凝结得更紧致，很快地，翻面，重复之前动作。在翻转之中，破布子会逐渐成形，双面不断地紧压，形状会更扎实，且不易散开。

完成后，倒入盘中，继续第二颗，直到做完。做好的破布子即可食用。也可炒青菜，如：炒龙须菜、山苏等。也可炒蛋、蒸鱼、蒸肉，味道实属一流，具有甘甜与香气，还有去腥、开胃、爽口之效果。

终于得以体会从前为何长辈们要请街坊邻居一起做破布子。其实做法并不难，但一颗颗从树枝上摘除，耗时；一碗碗破布子还得紧压翻转，不仅费时也费力。听长辈说，他们边做边聊天，大伙儿一下子就做完了。完工时，每家带几颗回家享用，等待下次又有人家要做了，就再相偕聊天去。

早期乡村形态中，邻居间的相互帮忙与热情，可见一斑。此次，我们自己制作破布子，可比拟跑马拉松。当初，因破布子的耀眼而买下，为了振兴农民经济，一大束地进了家门，结果夫妻俩做到凌晨，厨房才熄灯。话说回来，仍需感谢这小小圆润之果带给我们的收获。至于

＊新鲜野莲／玉米笋与破布子

后来的破布子炒野莲，只要爆香，加些喜爱的配料，直接热炒便成。
与做破布子相较之下，可说是不费吹灰之力。那就明天再做吧！

　　晚安，我好困了！

《杂货店老板的儿子》
Le Fils de l'épicier
导演／艾力克·吉哈多
Eric Guirado
主演／尼可拉斯·卡萨雷
Nicolas Cazale
克劳迪德·埃斯曼
Clotilde Hesme

破布子炒野莲

〔2～4 人份〕

食材

——

○ ½ 颗蒜头切成蒜末

○ 1 小匙豆豉

○ 1 束野莲切成每段 10 厘米长

○ 5 根玉米笋斜切成数块

○ ½ 颗块状破布子（可直接至
  市场采购）捣碎

○ 20 颗粒状破布子（可直接至
  市场采购）

○ 70CC（ml）鸡骨高汤

○ 数滴米酒

做法

——

① 起油锅，蒜头与豆豉爆香。

② 待蒜头成金黄时，放入野莲、玉米笋与破
  布子，炒匀。

③ 再倒些米酒与高汤，收汁完工。

④ 冷食或热食，皆宜！

纯真年代

柠檬冰沙

沈倩如

夏

之七

艳阳高照。室内时有清澈的凉意，时有诡异的躁动，地板嘎吱作响。他们说，这里鬼影憧憧往来，叹声远近连连。也许，女主人的魂魄终于如愿回到自己的庄园，在最深处的房间，神圣中的神圣之地，孤单地等待永不到来的脚步。

　　趁着到坦格伍德（Tanglewood）听音乐会之便，拜访了19世纪末、20世纪初美国知名文学家伊迪丝·华顿（Edith Wharton）亲手设计的家园"The Mount"。亨利·詹姆斯（Henry James）形容它是"映在麻州池塘上的精致法国别墅"。婚姻破碎后，她远走法国，再也没回来过。那是1911年的事了。但是，有人说，她回来了，坐在房间一角阅读，她那精神状态不定的先生也是，随着她四处旅行的仆人也跟着。绘声绘影。入夜后，无胆勿入。

　　停好车，行经车马房，我在几乎不见天日的林子穿来穿去，宛如进入另一个时空，神秘的落差感在飘浮。仿佛，你被停格在几世纪前的某个画面，一转身，便会遇到不同时代的人，你也跟着变成不一样的人，举手投足、思绪语句都不一样。

　　蓝天，依旧清亮，微风，仍然轻盈，原来，炙热可以是平静的。古老宅院立在山坡高处，稳定冷静。它是17世纪英式房形H的设计，白色灰泥外墙，镶着绿色百叶窗板，有新英格兰地方色彩，彰显女主人的融合理念。空地能兴建新房，建筑能铺图设计，历史大宅不能，原味要保存。它有情绪，它有天地，它在。

＊庄园后景

写作之外，女主人亦热衷园艺、建筑、室内装潢。她的每一笔设计都从比例与和谐开始，洞穴般的前院是第一眼的印证。走在陌生所在，不禁蹑手蹑脚，就怕打扰她的宁静，19世纪自墙间飘逸出来。前院的尽头有扇门，翠绿在金阳下奔放，入门初始的拘谨，一下子舒缓几分。二十多年的婚姻枷锁里，她是否在窗外得到解脱？

一本书中有个世界，一间书房是厅厅接连不止的世博馆。我的书架是没办法整齐的，甚至有点凌乱，书或立或叠，像是没法整理的记忆。这里的书房，一字排开的内建书架上，两千六百本私人收藏，有欧洲经典文学和戏剧、同侪作品和赠书、汽车书籍，近百年后，才从欧洲返乡。你可以认养这里的书，最贵的是她在1897年出版的第一本书《房屋装潢》，100万美元。她在书房独处思考，或与密友分享阅读，并不在此写作的。她喜欢待在卧室床上写东西，写一页丢一页在地板上，秘书再收起打字。

推开落地窗，漫步到阳台，眺望远处，山水为幕，庭园几何布局更显广阔。意大利式花园，岂是一张大理石长凳或一个日晷便足，它得有不同隔间，与房屋和周遭景观相呼应，有灵魂，有精神，魅力不受季节限制，被视为欧洲景观设计权威的女主人坚信如此。

踮起脚尖，望向更远的伯克夏山和月桂湖。天地辽远，柔静浪漫，蓝天可以像海洋，白云可以像波浪，缱绻缠绵。山际有迷雾在悠游，湖边有人在徘徊。山水有情。我忆起《纯真年代》（*The Age of*

Innocence），那两位相爱却不能在一起的人：看着她凝视海湾船只，他想起《流浪汉》（*The Shaughraun*）中的一幕——女人的发带被男人亲吻着，却不知他站在身后。他决定，帆船航过灯塔前，她若不回首，便不唤她了。船过了灯塔，他仍不舍，她仍不动。他走了。时间流转，百年般。再见面，她问，那天在水边，怎不唤我？他孩子气地回应，因为你没转身，因为你不知道我在那。她知道他的。一听到他的马车驶来，她只想逃得远远。那天，我故意不转身，她低声回答。

《纯真年代》，懊悔、遗憾、挣扎写满满，是我最喜爱的华顿作品。

故事发生于1870年的美国纽约上流社会，表面霜饰着华丽丰裕，内层夹抹阶级规约。在年轻律师纽岚眼中，与梅结婚是理所当然的上流家族结合，不料，这一切在梅的表姐艾伦出现后，产生了质疑。备受保护的梅是位标准上流女子，很多事情，她沉默不说，温驯外表下，自有其打算。与丈夫分居的艾伦，追求自信真我，从欧洲返回纽约娘家散心，因离婚计划备受社交圈传统礼教排挤。两名截然不同的女子。

初始，他对她的失婚丑闻，可能为家族带来的威胁，感到不安，但日久相处，仰慕之情油然而生。他开始视繁文缛节为枷锁，继而怀疑与梅的结婚，是僵化的上流社会产物。为了拯救梅家族的声誉，他的律师事务所派他去劝阻艾伦打消离婚念头。他成功了，却也爱上了她，惶惑之际，他想提早与梅完婚，被拒绝。他告白，她同意留在美国，欢喜之时，梅却同意提早完婚。两人终究没在一起。

＊书房

没有爱情的婚姻，是空虚；见不到她的日子里，爱她如昔。突闻她将返欧，他执意相随，正想告诉妻子此打算，却被告知即将当爸爸，义务与责任再度留住他。他与她从此天涯相隔。不同机缘，不同选择，不同结局。是时间不对，还是被算计着？19世纪新世界，心机手段充斥，"纯真"是冷酷的反讽；他对上流社会觉悟，"纯真"的失去，是铭心的伤痛。

岁月一晃二十多年，哪怕仅仅是记忆，她的影像仍是鲜明美丽。然而，有那么一个下午，她与他不过是几步之距，他该往哪走？两条线平行好久，是该有交叉，抑或云淡风轻，各走各的？

该做的，不该做的，你都知道，却又不得不屈服于那个空间，忘了自己心底的声音。曾经想象过的美好画面，最终，没有发生，有点低落，但不特别感伤，似乎一切都在预期中，心里已有底，知道有个

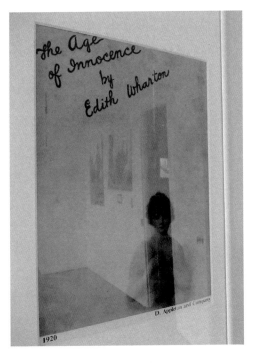

分寸得守着。难就难在，偶尔，听见熟悉的旋律，看见似识的景致，你开始又有点抽痛，像照进房间的阳光，先是缓缓地，然后逐渐扩大，洒落一地，澄明刺眼，再也无法注视。

第一次也是唯一一次，自个儿上电影院，看下午场的《纯真年代》，不记得为什么。戏至中场，身旁一位老先生，默默啜泣。我知道那种哭的感觉，像落入湿润的云间，忽凉忽暖，眼前一片迷蒙，其他都看不见。或许，他想起日记本里泛黄的文字；或许，他想起写在墙上的誓言。电影散场，见他拄着拐杖，走进滚滚人潮，吃力的不是他的脚步。最容易错过的是爱情，最握不住的是时间。

华顿在《纯真年代》对纽约上流社会丰饶灿烂的描述，挥洒于礼仪、食物、宴会、装饰。尤其是饮食，她借由这部分，道尽社交仪式，从宴客名单、餐桌摆设、美食料理、服装、对话，联结故事人物，反映他们内心的矛盾。

彼时的纽约，正式宴客除了必须有位聘任厨师、数名外借男仆和镀金镶边菜单之外，最重要的是罗马宾治酒（Roman punch）。在欢迎艾伦回纽约和欢送她离开的两场重要晚宴，都有这款酒品。第一场，气派的名单中，只有四位答允赴约，就因丑闻比疾病可怕。第二场，大家欢喜加入，因艾伦即将远离他们的社交圈。华顿在书中提到，并非宾治酒本身有多高贵，而是它赋予宴飨的多重意涵，远超过菜单；它意味着餐点的丰盛、短袖低胸露肩礼服的华丽、赴宴客人的重要性。

罗马宾治酒有主菜前后的清口作用，可以是半冷冻的冰沙，或是冷饮。在网上看过几帖食谱，大多将柠檬汁、糖、莱姆酒、香槟混合后，置于冷冻库，冰存至半冻状态，其间搅拌数次即成。有些做法应用了蛋白，如泰坦尼克头等舱旅客吃的冰沙，即在制程中加了打成沫的蛋白，也有人以冷饮方式享用，盛杯后，加上一球蛋白霜。据说，蛋白有稳定剂的功用，能让冰沙保存更久，口感轻盈柔顺。

撇开复杂的材料和做法，柑橘类水果调成的冰沙（sorbet），即是最平常的清口。首先，煮锅糖水，加柠檬皮屑浸泡出香气，再入柠檬汁搅拌，放冰箱透凉，以冰淇淋机制成，再放到冷冻库，冻个2～4小时硬化，方便舀球入杯。用搅拌器也行，柠檬汁加入后，直接放到冷冻库冻结，然后将冰放到搅拌器，打碎成沙泥。懒得碎机器，则将柠檬糖水倒入浅平不锈钢容器，置冷冻库，其间取出搅拌数次，使其保持柔软，并有晶状口感，但不至于硬化。搅拌用的器具对成品亦有影响。汤匙划圈转动，口感细绵；叉子刮刨，冰粒细致，食用时，再用叉子刮取，成了意式冰沙（granite）。

柠檬皮屑香味四溢，收敛了柠檬汁的酸，让冰沙有着不加矫饰的芬芳。正想着，该直接舀来吃呢？还是……眼角瞄到架上酒，心里马上打了个小主意。先把几大匙冰沙放到杯里，倒些莱姆酒，小匙子速速圈搅，沙沙又铿锵，有点折磨人。又，酒杯盛气泡酒或香槟，冰沙一球往里放，精灵般的泡泡顿时被点亮，大方闪烁地直往上蹿。冰沙

＊柠檬挤汁与刨皮屑

晶莹透淡黄，一入口，微酸放纵地往外扩散，浅浅酒精气息飘浮而来，有奢华的错觉，清爽了炎夏，清醒了味蕾，仿佛阳光下的那道清风。

我这沾沾自喜的冰沙小品，虽说比不得衣香鬓影间，罗马宾治酒的精致，却有赤脚走在翠绿草地的纯真愉悦。夕阳妩媚而来，我想象，驻足湖边的艾伦，徐缓转身，笑容微醺酸甜，一脸惆怅的纽岚，悠然醒转，嘴角满足扬起。

《纯真年代》

The Age of Innocence

作者／伊迪丝·华顿

Edith Wharton

译者／艾莉儿

出版／新丝路出版社

柠檬冰沙

〔4 人份〕

食材

——

○ 400 毫升水

○ 200 克糖

○ 150 毫升柠檬汁（4～5 颗柠檬，
过滤籽和残渣）

○ 2 颗有机柠檬的皮屑或柠檬
皮（白色里层部分勿用）

做法

——

① 将水和糖在酱汁锅里煮至溶解，关火，放
柠檬皮屑。

② 拿另一只较酱汁锅大的容器，盛冰，把酱
汁锅摆上头，隔冰冷却。

③ 待冷后，若放的是柠檬皮，则须拿掉，若
是柠檬皮屑，过滤可有可无；加柠檬汁搅拌，
继续隔冰或放冰箱冰镇，至透凉。

④ 将柠檬糖汁放到冰淇淋机搅动，即成；若
无冰淇淋机，则将柠檬糖汁放到冷冻库，
冷冻 10～12 小时，其间每 2～4 小时取出
搅拌。

⑤ 食用时，将冰沙盛入酒杯，点撒柠檬皮屑。

月光花藤

茉 莉 香 片 水 蜜 桃 果 酱

沈 倩 如

我常在四月底回台湾探亲，那时美国东北部的天气很没豪情壮志，少了频繁急促的冬雪，多了稀落滴答的春雨。返家的路上，没啥期待与朝气，毕竟，这么多年来，那已成了每年的例行公事。

这一年不同。母亲受伤开刀、父亲生病住院，我才惊觉，他们也会变老，时间分秒往前，不再定格于我去美国那年。越来越多时候，我感到惶恐如潮水般涨来，担心下次回家，谁来为我开门？后悔以前浪费时间与他们争吵。时光不会暗示什么，只会布下皱纹，让我瞧。

纵使如此，我仍非那个喊口号、及时跟家人说"我爱你"的人，也永远搞不懂撒娇是怎么一回事。我有我的方式，把母亲办桌似的晚餐吃完，不念她少煮点，帮她清理厨房；答应父亲叮咛的事，不嫌他唠叨，陪他到乡下老家走走。做日常的事，当单纯的小孩。

很少跟别人谈家事，觉得摊开来，是赤裸裸，加上自己不善表达。像读小说，有些书读过，遍寻脑海里的字汇，还是说不准它的精髓。这种书每每会在字里行间，无预期地出现几句话，讲到我的心坎里，如我的遭遇。一边读，一边有五味杂陈的感觉，微静细柔，不想跟别人说，自己默然了解就好。

美国密苏里州小说家杰塔·卡尔顿（Jetta Carleton），于1962年发表的《月光花藤》（*The Moonflower Vine*），即是这样的一本书。

小说背景设于密苏里州欧萨克山区，一处朴实的乡间，开场由索姆斯家小女儿玛丽，以第一人称讲她眼中的家人，说往年每逢夏天月光花开时节，返乡探亲，她是多么的不甘不愿。然后，她开始回想，20 世纪 50 年代某一年的返乡之旅。渐渐地，玛丽言语中的感慨如雾飘散而来，将她眼中严格的父亲、一生在等待中度过的母亲、离家后再也没回来的三姐，缓缓塑形，酝酿出故事的氛围。

第二章节，时间拉回数十多年前，作者用第三人称述说索姆斯家的过往，一章节一位家人，从大女儿杰西卡起头。接着，婚姻、信仰、爱情、背叛、反抗、失去、悔悟，一则则看似个别的故事，紧紧相扣。

杰西卡的故事先是描绘出他们在欧萨克的生活，以及双亲马修和考莉对子女严厉的管教。青春越是束缚，越是奔放。情窦初开的杰西卡，在三妹玛希怂恿下，与到农场打工的汤姆私奔，在学习独立的过程中，付出的代价是分别。故事前进转折里，马修跟着上场。他是女儿眼中的上帝，把宗教和工作摆第一，咎责家庭打碎了他的梦想，让他无法展翅，讽刺的是，忠诚的信仰无法阻他迈向诱惑。大半辈子，他在自我与他我间拉锯，挂副严苛外表，面对家人。三女儿玛希，家中最叛逆活泼的成员，为爱高飞，却伤得回不了家，被马修视为上帝要他一点一滴偿还的债。二女儿利奥妮可说是父亲的女儿，最顾家，但心里尽是不平衡，企图谱出一段反叛曲，却惹来一场却步的爱情。

这故事，可以是很通俗的肥皂剧，但作者使用不疾不徐的笔触，勾画出一幅又一幅不哗众取宠、真诚实际的家庭图。每幅宛若一个拼图块，直到考莉的故事加入，索姆斯家族像才完整成形。

＊乡间家园，老旧灰黄。

年轻时的考莉活泼、漂亮、精明，知道如何为自己挑丈夫，为自己争取想要的。然而，看着丈夫婚后渐行渐远，生活交集越来越少，她变成另一个人，一个对丈夫百依百顺、只能暗自在心里做无声对话的妻子。小说最末章节，回到玛丽回想的那一年夏天，从考莉在家等待女儿返乡说起。这里，有她的悄悄话，还有那让人招架不住的秘密，是它，让她决定极尽所能取悦丈夫，跟随他、原谅不能原谅的错。读完考莉篇，忍不住回头重读首篇，甚至将这两篇交换顺序进入第二章，都有各自的荡气回肠。

青春这条路，谁没走过？在女儿身上，马修和考莉看到年轻，想起曾经编织的意气风发，想做的、没有勇气做的。历经家庭风暴，他们回顾青少年时期，希望在反省、原谅、宽恕中得到救赎，让心灵得到安宁。不同比重的悲欢离合，营造出多层的人生风景，在每个喜悦忧伤的转角，家人再度相遇，平淡都是一种甜。索姆斯家人一年一度的短暂相聚，就像那一年只开一次的月光花，有期盼与珍惜。

合起书，想起考莉与返乡女儿们，每天必做的水蜜桃果酱。这对她而言，不单是美好的味道，还有与家人共处的简单生活。她封存了夏日、收藏了聚散。

食物封存，我算是小有经验的。初始学习制作时，兴致勃勃地打着所有水果的主意。后来发懒，觉得到农场扛一袋回家，挺费事的，而家院子种的，又老是神不知鬼不觉地连夜消失，不知是鹿或松鼠下的毒手，丰收算是与我无缘。现在，果酱已少做，对慢火熬煮水果、沸煮消毒酱瓶，没太大耐心。说归说，读到新奇的味道组合，忍不住还是会手痒地封个小存。美国时尚编辑 Kevin West 的帖子，便是个例子。用他的食谱，做过两回伯爵（茶）水蜜桃果酱。诚然，调煮时间和成品量与实际操作不符，有茶香的果酱却给了我极好印象，当下立小愿，下回找茉莉来助阵。

　　记得去年的承诺，趁季节结束前，赶紧买了几颗水蜜桃回家。英文依果肉在熬制过程中的形成，将果酱分成多种，但中文以"果酱"统称。我做的是看得到、吃得出水果块的"preserves"，名副其实的"保存"。

　　束起头发，我把水蜜桃稍做冲洗，拿把小刀，于桃臀上轻划十字，放到一大锅沸水里汆烫，炙热煎熬，果皮松缓，捞起改做冰水浴。如斯忽冷忽热地对待，打心底对不住，只得温柔地用纸巾将冷浴后的它们擦干身子，当是补偿。偏偏我像个披羊皮的狼，等不及地，顺着人家圆弧的曲线，撕下红黄鲜嫩外皮。此时此刻，真想大口咬下。移步到盛砂糖的锅子前报到，左手拿果，右手拿刀，边切果肉，边丢到锅里，糖顺着出汁的果肉，吸得饱满。滴些柠檬汁，搅拌几下，果胶凝结就看它。切完，手还真酸，可见平日锻炼不够，啧啧。不打紧的，就顺势休息打个盹，任砂糖与果肉在锅里缠绵，这汁若出得好，待会做果酱，便能收得快，果肉也易保持块状。一举两得！接下来，开中小火，慢煨着，蜜桃香旋即弥漫，糖水慢慢黏稠，颜色是粉调的橘红。最后

＊水蜜桃

几分钟前，把茉莉香片找来，加入周旋，尔后，一切都变得不一样了。糖浆光鲜潋滟、茶色轻描淡写，好好地琢磨出蜜桃的光彩。

茉莉香片水蜜桃果酱大功告成！原先不想待在炉火前的不耐，这会儿都消失了。果不其然，香片为馥郁的果酱增添了淡雅。我贪婪地连用过的茶叶都不放过，泡杯热茶，香在嘴里缓缓释出甜蜜。糖熬过的水蜜桃，像一身健康麦色皮肤的女孩，有点丰润，身穿浪漫复古的斜裁洋装，清新中荡漾着典雅。果酱制成后几天，每开冰箱，我深深垂涎。当外头太阳艳光四射，奶茶水蜜桃冰淇淋的念头溜了进来；周末早晨的浓咖啡，最好有道水蜜桃果酱蛋卷相伴，与吐司搭配原味优格也不错；懒洋洋的夏日午餐，来盘蔬菜沙拉，佐以橄榄油和醋调成的水蜜桃醋汁；水蜜桃酱与鸡腿，烧烤炖煮都行，想象那亮滋滋的焦

＊果肉加糖出汁饱满

＊夏日水果沙拉

糖色，不得了了，完全沦陷。

别人把过多的水果拿来做果酱，我的顺序则颠倒。做完水蜜桃果酱，家中多余水果全混合成一道水果沙拉，浇淋几匙姜蜜醋，简易中创作出夏日的艳丽，有自己才知的美丽铺陈。镜头下的定格，也算是另一种封存。

问我，会不会觉得细雨绵绵的天气很烦闷，其实不会。我喜欢在微雨的天气，听墙上老钟滴答，随着雨滴打拍子，伴着母亲拖鞋踩大理石阶梯的声音，看父亲种的花草，在乍现的阳光下闪耀金黄。空气泛湿，有陈年的感觉。这就是老家。

《月光花藤》

The Moonflower Vine

作者 / 杰塔·卡尔顿

Jetta Carleton

译者 / 邓若虚

出版 / 南方出版社

茉莉香片水蜜桃果酱

〔32 盎司〕

食材

○ 1.5 公斤（3 磅）水蜜桃

○ 1½ 杯砂糖

○ 1 大匙柠檬汁

○ 2 大匙茉莉香片裹在纱布或放在过滤器里

做法

① 一只小碟子放到冷冻库，备用。

② 水蜜桃底部轻划十字，放入沸水烫 1 分钟，捞起，以冰水冷却，擦干。

③ 砂糖放到锅中，水果去皮，果肉切块，去核，放到锅里，加柠檬汁搅拌，静置至少 1 小时，冰箱隔夜亦可。

④ 以中小火熬煮果肉糖汁，其间稍做搅动，30 ~ 35 分钟后放茉莉香片，再熬个 20 分钟，拿出茶叶（熬煮果酱时，准备消毒果酱瓶）。

⑤ 冷冻库的碟子取出，放一小匙果酱在上头，若汁不会滑溜溜地乱跑，果酱即成。

果酱瓶消毒和装瓶

采美国糕饼大师 Sarabeth Levine 和所用果酱瓶制造商的做法：

① 把果酱瓶和盖子（盖环与盖封）放到大汤锅里，锅中水量须盖过瓶面，以中火慢煮到即将沸腾，关火，留置锅中，装瓶前才取出、待干。

② 果酱装瓶，与瓶口保留 1 厘米空间，用湿热毛巾擦净瓶口残留果酱。此时，瓶内会有洞孔般的空气穴，须将瓶子晃一晃，让气排出。之后再上盖封与盖环（无须吃力转太紧），放到沸水（水量及瓶身或过瓶）里煮 20 分钟。

③ 取出瓶子，待完全冷却，勿碰，室温放至少 12 小时。盖封中间稍凹、手指按下不会发声，即密封成功。

④ 若未成功，再重来一次，要不，果酱最好在四周内食完。热装果酱一般可在室温存放一年。果酱放冰箱冷藏前，再转紧盖环（瓶子密封时，盖环变松是正常），即可。果酱开瓶后，请存放冰箱。

秋

表姐，

清晨下了场秋雨，我依旧奋力冲去市场，采买鸡汤面的食材。晚间月儿若隐若现，我与小 J 尝着柿饼，观赏动画《驯龙高手》。这片使我体认亲子间互动，挫折中的坚持，也回想到母亲的鲜鱼料理。一锅滚烫的鱼骨高汤，敏捷地放下姜丝、鱼肉，旋即将米酒兜转一圈。即便她已离开多年，我还是很想念她，尤其是她做的菜。

蕙瑜，

今早，混沌深蒙霸占了视线，红黄秋景在风雪里竟格外耀眼，路旁人家门前南瓜更橘得醒目，似在提醒季节尚未前进到冬天。惆怅的天气，沉淀的思绪。日前阅毕《爱的 APP》，书中男主角的父亲，就有一碗盛装对妻子回忆的汤。味道是个奇妙的东西，记录过往生活点滴，装饰对亲人的回想，无声无息地传递感情。

房事告急

乡 村 味 苦 瓜 封

杨 蕙 瑜

秋

之一

高雄接连下了一星期的秋雨，整天都令人感到蓝色忧郁，与莫名的惆怅。像这样雨不停的情况，除非秋台袭击，否则在过去真是少见。台湾往南，走过了北回归线，秋冬属于干旱季节。这会儿细雨绵绵的天气，倒像湿冷的北台湾。虽说阴霾罩顶，但待在家中，听着雨声却让人格外宁静。拿出刚借来的影片，雨丝不断的秋日午后，微微的西风吹拂，这时候最适合来点乳酪蛋糕，再看场电影。

由金奖导演萨姆·门德斯（Sam Mendes）执导的《房事告急》（编注：*Away We Go*，大陆翻译为《为子搬迁》），中文名字并不响亮。果然，我问了几位朋友，多数人皆无观赏过。不过，由于它的原文名显示这是部出发、离开的影片，颇引起我注意。于是，在出租店里，我放弃了百大经典和热门首选，孤注一掷地把它带回家。

剧情叙述一对佳偶，维罗纳是不婚主义者，纵使伯特向她求婚多次，她就是不认为有结婚必要。在她怀孕六个月时，她与伯特展开一场旅行——四处寻找定居之地。于是，第一站，他们来到凤凰城，拜访维罗纳的老上司，目睹夸张且理念不合的一家人。第二站，转到土桑市，去探望维罗纳的姐妹。姐妹虽情深，但她也聊起维罗纳一直无法回顾的过往。

第三站，在风景优美的麦迪逊落脚。他们来到伯特的表姐家做客，却因海马信仰的光怪陆离，不欢而散。在这里，温吞柔和的伯特却展现少见的强势气魄。之后，他们前往大学同学在蒙特罗的家。第四站里，他们对家庭有了正面的期待，也深切明白家家都有本难念的经。到了第五站，他们在迈阿密，看见了变质的婚姻，以及渴望母爱、孤独等候妈妈回家的侄女。在经历这一切，绝望的光景中，维罗纳想起自己长久以来不愿回首的家乡——那个位在蓝色海边，有着绝佳景色的宁静之地。

此片是小成本制作，男女主角也非一线演员，却是场人生真实的飞翔。乍看，是对新婚夫妻寻找住处的过程，细究之下，却足以一窥剧中各类家庭不同的人生观与价值观，以及每对夫妻诠释婚姻的方式。

门德斯的电影，擅长拍摄家庭、婚姻、生死、冲突。他向来不会将家庭细节修饰上色，而是赤裸裸地呈现你我所遇到的问题。从他所导的第一部戏《美国心玫瑰情》（编注：*American Beauty*，大陆译为《美国丽人》）里，那颓废、窝囊、了无生趣的莱斯特，所带出来的是一个完全写实的中产阶级，在社会的泥沼中奋力寻求自我的情境。当然，门德斯用了诙谐的手法来诠释这场悲哀，以至于在莱斯特被枪杀后，仍带着嘴角静谧、了无遗憾的笑容。对门德斯而言，这场死亡是带着美学的。也让他一举获得奥斯卡最佳导演的盛名。

当《真爱旅程》上映时，以中文译名来看，似乎是浪漫可期的爱情故事，但实际是改编理查德·耶茨（Richard Yates）之同名小说 *Revolutionary Road*，书名字面的解释为"革命之路"。它说明着美国五六十年代，一个年轻家庭的载浮载沉。在无法脱身、僵化的环境中，

＊法国史特拉斯堡德式建筑

＊法国史特拉斯堡／伊尔河畔古屋

由新婚的兴奋，充满生命活力，最后走向阴暗、窒息、枯干，甚至死亡、毁灭。当影片结束时，有一种无法自拔的沉重。

真实环境中，当每对新人走向家庭，总充满着无限期盼的蓝图。多数人会将父母失败争吵时的案例谨记在心，拒绝重蹈覆辙。殊不知父母和自己一样，年轻时也都满心憧憬与爱人携手共创未来。只是现实生活的挫折、磨难不断，刚开始虽还能致力修补曾犯下的错误，但随着挑战如洪水袭击，是否最后能保有圆满的婚姻，抑或是像《真爱旅程》般走向悲剧，这些都考验着每对夫妻的智慧。

从前面两部黑暗的《美国心玫瑰情》与《真爱旅程》，到了这部《房事告急》，门德斯似乎重新看待了家庭与婚姻。下了一个纵然婚姻不完美，但只要找到彼此适应之道，能够勇敢负责、认真对待，就不致绝望的注解。这部戏让人露出一抹微笑。当维罗纳来到幼年居住的房子时，她对伯特说："天啊！我都忘了这里有多么美。"屏息片刻，他们打开那间房子。镜头落在映着夕阳余晖的水面。海风此时正吹向房子每个角落。他们静静地坐在阶梯上，凝视着这一切。无论家在何处，就算只是间茅屋破厝，只要一家人紧紧相依，那里就有亮光与温暖。原来，婚姻里，即使有难解的题，还是有希望的。

涨溢的幸福在影片制作群名单升起之时，我想起结婚前几年，夫妻俩亦曾是游牧的吉卜赛民族，四处迁居流浪。在漂泊了数个年头后的今日，我在电影里维罗纳泛泪的眼中，看到自己的倒影，也看到自

＊市场上的苦瓜

己的原点。我和她相同，直到这几年，才回到生命初始之地。

　　读大学时，许多外县市同学对高雄的印象，都是空气污染，工厂林立。就算听了许多诸如此类的评语，我还是深爱这块土地。我喜欢清晨寿山的宁静，伴着清脆的鸟鸣。也喜爱攀爬柴山时，互不认识山友的问候声。高中时，钱包在西子湾海水浴场被盗，连眼镜都下落不明。但那里的海水，冲刷了许多自己年少时的愁苦。往旗津的渡轮，不大，船只也略显老旧，然总能平安地载运旅人或回乡的游子。旗后夕照，和关渡或淡水同是迷人，可在我心中，却始终是独一无二，无法取代的美丽。至于在酷夏季节，会飘着淡淡异味的爱河，竟也在整治过后，成了高雄的左岸咖啡馆、兵家争宠之地。

　　人常在许多事上不断地绕圈，不管绕到何处，似乎最终总会回到原点。回到自己的城市，走在熟悉的路上，使我想念起一道家乡菜——苦瓜封。幼时放学返家，推开家门，随即闻到那扑鼻而来的大骨汤味，混着淡淡的苦涩。整屋子都是。

＊苦瓜食材

苦瓜料理，如苦瓜咸蛋、肉丝、排骨汤等，过去在家中经常现身。吃多了大鱼大肉，像听多了摇滚重金属，大家都想来点慢板的轻音乐。而这苦味，这时便会成为热门发烧抢手货，大口大口地取代其他动物性蛋白质食材。它会冲入你的舌尖，停在舌根，刷淡之前所有的油腻，平衡并丰富了对美食的感受。

其实小时候，对苦瓜只有憎恶之意。不爱舌根那苦，更讨厌任何被沾染上的菜肴。独有一项记忆，对苦瓜是清新、刮目相看。有回，父亲不知从哪儿学来的妙方，拿着刚从市场买来的苦瓜，切成非比寻常的细片，轻薄透光。之后，将苦瓜片在盘中铺个圆儿，直接送入冷冻。1～2小时后，从白茫茫的冷冻库中取出时，苦瓜已冷冻熟成，却未僵硬。那冰霜覆盖的苦瓜，蘸上番茄味美乃滋，是我第一次接受的苦瓜料理。

雪藏轻快的苦瓜薄片，冷冻的魅力与美乃滋搭配起来的甜美，遮盖其特有的滋味。从甜中衬托出来的苦，竟让人的味蕾复苏，来趟魔幻又不可思议的品馔之旅。父亲的巧思，颠覆了一个孩子的喜好，使我重新看待这个有着曲折纹路的奇妙食材。

这几周，先生大J突然怀念起婆婆做的苦瓜封。以往我曾煮了几回，不过，与婆婆的口味迥异。苦瓜封做法大致相同，每个家庭做出来的手路，却赋予它不同的味道。为了做出大J回忆里的味道，又符合自己的喜好，我决定调整馅料配方。之前吾家所做，是以纯肉臊混合些蔬菜的馅料，腌过的肉臊在手中压实挤进苦瓜中。而大J家，则是以肉臊配上鱼浆，填入即可。那么，要找到我们都爱的苦瓜封，除非各项比例调整极佳，彼此都能接纳，才能满足除了味觉上，还有心灵层面的匮乏，也才能建立纯属个人风格的苦瓜封品牌。

于是针对馅料的比例，我前后测试了几回。市场的肉贩、鱼丸贩皆提供食谱，肉臊与鱼浆分量为1：1，此为最佳比例。可是，试验后品尝，却总觉得硬度尚嫌过高，反而抢了肉臊的风采。最后反复调整发现，肉臊与鱼浆的比重落在5：3，此为我与大J皆点头首肯之黄金比例。这样的馅料最能突显肉臊与鱼丸浆各自的美味。因馅料中含有些许蔬菜，感觉更为清爽。而提高肉臊的分量，能够增加其柔软度，容易入口咀嚼。

苦瓜的挑选也是重点，每年的5～11月为盛产期。苦瓜须饱满厚实，摸起来坚硬，表皮看起来有光泽。如此食材填馅后，略苦的香气便足以与肉香、鱼香的馅料整体融合。若苦瓜厚度不够，将容易断裂，会导致每份苦瓜封的苦味略嫌不足。

在欧美，有番茄酿肉、节瓜花酿肉，吃的是不同的味道。在台湾，有苦瓜封、大黄瓜封（又名胡瓜封）、高丽菜封，也自成一格，拥有这块土地孕育出来的芬芳。

雨好像停了，我打算饭后到户外走走。打开家门，愕然望见远方天际的朦胧彩虹。吸了口雨后清新的空气，"哇！天啊！我都给忘了，这里曾经有这么美过"。

《房事告急》
Away We Go
导演／萨姆·门德斯
Sam Mendes
主演／约翰·卡拉辛斯基
John Krasinski
玛娅·鲁道夫
Maya Rudolph

乡村味苦瓜封

〔2～4 人份〕

食材

——

○ 250 克（8 盎司）五花肉臊

○ ½ 颗蒜头切末

○ 2 株青葱切花

○ 小块老姜切末

○ 少许红萝卜末

○ 少许洋葱切末

○ 1 小匙酱油

○ 适量盐

○ 适量黑胡椒

○ 数滴米酒

○ 150 克（4.8 盎司）鱼浆

○ 1 条大型苦瓜（或 2 条小型）
　　切段去籽

○ 2 升（L）大骨高汤

做法

——

① 挑选五花肉，肥瘦比例约 3 : 7。将五花肉绞成肉臊。

② 将肉臊与蒜末、切得很细小的细葱花、姜末、红萝卜末、细洋葱丁拌匀。加入酱油、盐、黑胡椒与几滴米酒调味，腌制 30 分钟。酱油与米酒不要多，否则含水量多，会影响馅料的密集度。

③ 与蔬菜搅拌后的肉臊与鱼浆混合，之后塞满镂空的苦瓜即可。

④ 大骨高汤中火加热到滚烫，放入做好的苦瓜封，转小火，炖煮一小时。苦瓜要呈透明状，馅料避免过熟，以免失了甜味。

⑤ 起锅前再加些葱花，更添食欲。

秋天的童话

百里香蒜辣柠檬烤鸡

沈倩如

第一次看《秋天的童话》是在香港电视台，只看了前半部。对爱情没太多幻想的我，可以大致猜得到结局。几年后，负笈美国，在友人家补了下半部，片名被改成《流氓大亨》。当时，想学做菜的我，最记得船头尺的扔盐招数。

　　《秋天的童话》是十三妹（钟楚红饰）和船头尺（周润发饰）间似有若无的爱情故事。十三妹带着期盼的心情，只身到纽约留学，并想探望在当地念书的男友。她初抵大城，满口洋泾浜英文的远亲船头尺，开着破车来接机，一路上的对话与街景，直截了当地道出两人的悬殊、梦幻与现实的差距。尔后的日子里，十三妹历经失恋，走过黯然，就近照料她的船头尺，看在眼里，不舍中生了情。她住楼上，他住楼下，隔着天花板，她的一举一动，他静静听着。

　　船头尺，一位外表不修边幅、两手好赌、全身讲义气的老粗。面对爱情，他的内心世界逐渐被抽丝剥茧。当他收到十三妹的生日礼物，心里在唱歌，走路像跳舞，举止变温文，世界多浪漫。当他目送十三妹的离去，眼神有落寞，步伐是蹒跚，脸颊在刺痛，世界多忧郁。原来，任凭你混过帮派，任凭你吊儿郎当，爱情的苦楚，终究还有痛。

　　十三妹，一位安详幽娴、不大有自信、脾气有点倔的女孩。对感情的无奈，嘴巴都不说，只有嘴角撇一撇。她知道船头尺的心意，微醺的心似摇似晃，可是她不敢动，因为，"有一种男人，你很喜欢跟他在一起，但是要你嫁给他，你又不会，我们是两个世界的人"，她明白地跟朋友说。说归说，离开船头尺的路上，摸着他送的礼物，她流下两行清泪。对方的心，已悄然在她的心底烙下痕迹。

分开后，他们没有找过彼此。若说淡忘是最好的疗伤处方，倒不如说怕见了更难过，只好忍着不见。毕竟，几年来，她依然清楚记得他曾经说过的梦想，他亦努力实现跟她说过的抱负。爱情是个难题，对一个30多岁才尝初恋的男人、一个20多岁才刚失恋的女孩。

声音可以记录一段感情，属于十三妹和船头尺的是踩在落叶上的窸窣，那是秋天才有的叹息。颜色可以描述一段感情，洒在他们身上的是璨黄醉红，那是秋天才有的短暂辉丽。他们的故事，认识、分离、不期而遇，像一场场不可能的童话，约莫如是，电影成了百看不厌的爱情经典，尤其在演员多层次的诠释下。

经典电影自有经典台词。船头尺传授十三妹的料理招数，我一直都记得，想该是合了当时的留学心境。那段戏，十三妹在公园巧见前男友，没自信地躲躲藏藏，船头尺斥她无用，两人一番争吵。半赔不是地，她煮桌菜请他。喝了口鲫鱼汤，他俨然一副人师姿态地说：汤不能只放姜，得有陈皮；萝卜不能用空心，要实心；盐不能放得太早，不然鱼肉会硬；盐得用粗盐，放时不能太远，不能太近，离二尺，往里扔，离太远，汤太淡，离太近，汤太咸。这二尺扔盐的动作可能会吓坏很多人，而我好骗得很，半信半疑地试过。

来美国留学前，我的下厨经验几乎为零，从未想过将来该如何喂

＊秋叶灿黄

饱自己。离台前一晚，在亲友力劝下，勉强塞台大同电锅到行李箱，怎么用都不清楚。念书那几年，也没饿着。先有会烧菜的女室友，她煮饭，我洗碗，菜钱各半。周末与一群留学生到餐馆打牙祭，合菜经济实惠。已婚学生爱呼朋引伴，看大伙拿碗公盛饭，大摇大摆舀起适合扒饭的麻婆豆腐、番茄炒蛋、卤肉臊……满堂热闹。女主人厨艺发光，男主人脸上都是笑。

那段时期，央人传授食谱，对方总以一抹神秘微笑回应，接着，说不上什么食谱的，只能大略描述。这种反应我最清楚不过。几回请母亲写份私房红烧牛肉食谱，就是这般拖了好多年。母亲是不相信食谱的人，她做出的菜足以媲美大厨，又能抓住家人口味脾性。上馆子吃饭，尝过一回，便能找出所有内容食材，之后，回家拿起像魔棒般

*百里香蒜辣柠檬烤鸡食材

的菜铲子,变出同一道菜。上市场买菜,与小贩交换当令蔬果烹饪心得,又是一盘全新料理。而我,从小跟着她进出打转,不知到底有无学到皮毛。都该说,年轻时的我,对烹饪兴趣全无,待开窍想学了,已隔千山万水,电话里讲不清,最后不了了之。那份红烧牛肉食谱,可想而知,只有步骤,没有匙杯量衡,成功与否,全凭慧根与基因。

在美国念书的前几年,学会的厨事首招是爆香蒜头。那时,我一直认定,有蒜香的厨房就是母亲的厨房。想是此因,以后几年,认真自习烹饪,不论东方或西方,食谱中最先挑动视觉、诱惑味觉的定是大蒜。英国厨房女神妮格拉(Nigella Lawson)的慢烤香蒜柠檬鸡,即是用蒜勾住我的视线,成了我第一道读食谱学来的菜。

一方面是没有再试的耐性,另一方面是没有牢靠的底子,初看食谱做菜,都小心翼翼地拿着杯匙,跟着唱"油三大匙"、"盐一小匙"。当食谱写得不够详细,就开始无奈起来了,"少许"或"适量"到底是何意?当家里少了某样食材,又抓狂起来了,该以什么来取代?无附图片的食谱,一律跳过,总因功力不够,很难比对成品模样。

就这样,跟着妮格拉的食谱依样画葫芦,竟能把她的慢烤鸡变成自己的招牌菜。不骗你的,一道有百里香、大蒜、柠檬、白酒的西餐料埋,如同厨艺高段人士的作品,看似复杂,实是容易,"糊弄"人颇管用。几回亲戚来访,祭出此道慢烤,没想到,已尝过数回的家人大赞不已,言外之意是无需跟着食谱,做得更好吃。想想,当时不过是针对他们的口味，加辣椒，增多大蒜与柠檬的分量，食时，再洒回柠檬汁和皮屑提味。

畅销饮食作家迈克尔·鲁尔曼（Michael Ruhlman）曾言，食谱该像乐谱，而非使用说明书，读完食谱，先在心中预想成品。先来几笔我的慢烤蒜辣柠檬鸡：经过两个多小时的慢烤，烤箱门才开，百里香香氛从缝边轻轻溜出，散放鼻息间，令人忍不住贪心满足地吸一口，浸着香草和白酒焖烤的鸡肉鲜嫩甜美，有微醉的错感。连未去皮的大蒜和柠檬都是焦香可口。蒜泥口感软绵，入口即化；柠檬肉只存微酸，皮咬下，香旋即爆发，但微苦，拌着鸡肉，清新一跃而出；辣，不太多，还有点刺激。

之后，渐渐了解，食谱不是圣经，它的本意是予人灵感。妮格拉的慢烤鸡教了我百里香与柠檬的组合，除海鲜与肉类烹调，尚可应用于酱汁、甜点和冷饮。它勾起我学习香草的乐趣，让我知道，新鲜种植的百里香，初春太嫩，气味不够饱满，仲夏越晒越香，老枝老叶最适烘烤。再者，摄氏 95 至 160 度（华氏 200 至 320 度）是最佳慢烤（roast）温度。重要的是，食材与佐料可依人、时调整，放点直觉和随兴，增添了私房元素，自然化成嘴角那抹神秘。一首歌，不同人唱，可以唱出不同风味，学会将感情放入才是高明。

食谱书仍常读，往往读完一份食谱已觉充实，许多想法一股脑儿地跳出，整颗心兴致高昂。此等心情，入春以来更是一团乱，想着附

　　　　　　　＊百里香蒜辣柠檬烤鸡佐意大利面

近农场日日苏醒。窗外那撮百里香，也没帮上忙，它常将我的工作思绪打翻，满脑子尽想要将之融入当日晚餐。有时，实在无法忍受诱惑，只好撇下工作，走到院子，蹲下来抚摸，闻闻手指的草香，心中冀望小叶们是魔粉，一撒变出美味。

妮格拉的慢烤香蒜柠檬鸡，依旧是最爱。灵感闪动时，顺手加进家中其他现有食材，烤出自己的私家味。这道慢烤是属于周末下午的慵懒。当花粉不太放肆，把窗户打开，石墙边几丛百里香，清香淡淡，随风飘入，阳光暖暖扫过餐桌，映照着盘中微焦的柠檬。晚餐，就这一盘，即可饱足。

《秋天的童话》/《流氓大亨》

导演 / 张婉婷

主演 / 周润发 / 钟楚红

百里香蒜辣柠檬烤鸡

〔4 人份〕

食材

———

○ 1 公斤（2.5 磅）散装带骨鸡肉

○ 1 磅马铃薯切块

○ 1 颗大蒜分瓣（留皮）

○ 2 颗无蜡柠檬（1 颗切成 8 大

  块，另 1 颗备用）

○ 一把百里香（叶与枝分开，左

  手捏枝上端，右拇指和食指从

  上至下，顺着枝，将叶子拉下，

  或用手磨擦去叶）

○ 1 片月桂叶

○ 4 根干辣椒（撕碎片、去籽）

○ 2 大匙橄榄油

○ 90ml 白酒

○ 适量粗盐及黑胡椒

做法

———

① 烤箱调至 roast，预热至摄氏 160 度（华氏
  320 度）。

② 烤盘铺层铝箔纸，将鸡肉摆上，入马铃薯块、
  蒜瓣、柠檬块、百里香叶、月桂叶、辣椒末、
  橄榄油，用手将所有食材混合后，单层铺
  平，鸡皮面、马铃薯块、柠檬块切面朝上，
  摆上百里香枝。

③ 浇淋白酒，转几圈粗盐和黑胡椒，用另一
  张铝箔纸将烤盘密封，入烤箱烤 75 分钟。

④ 拿掉上层铝箔纸，烤箱加温至摄氏 200 度
  （华氏 395 度），续烤 30 分钟。

⑤ 烤完后，取出百里香枝，盛盘上桌；最后
  1 颗柠檬，挤汁淋在烤鸡上，即成（柠檬烤
  过微苦，要提高酸度，盛盘后再加）。

法国盛宴

鸡汤海鲜面

杨蕙瑜

豪雨已滂沱多日。在疾风劲雨的天气，往返医院、市场与厨房之中，我也没浪费零碎的时间，抽空品味了《法国盛宴》（编注：*French Lessons*，大陆翻译为《吃透法兰西》）的美食嘉年华会。

出生于英国的彼得·梅尔（Peter Mayle），累积 15 年的广告创作经历，在移居南法普罗旺斯后，写出诙谐又缤纷的作品，而我，则是他小小的书迷。

读《山居岁月》时，很渴望摆脱城市的昂贵物价与沉重房贷，想潇洒地举家迁移乡村，在果园、稻田与市集旁，与淳朴的人们过着台湾版的山居岁月。再看他的《法国盛宴》，好似参加一场法兰西深度之旅，直闯美食的根源之地。

翻开此书，里头有着一连串的饮食历险。你可以学习法国人吃的艺术，加入他们物产丰收的节庆——在奥朗日（Orange）东北方的小村子里西宏奇士（Richerenches），去望场属于松露的弥撒；到潮湿又充满池塘的孚日省（Vosges），为维特尔（Vittel）小镇选出拥有美腿的青蛙小姐，再吃下具有无限想象空间的蛙腿；此外，还可参加利瓦罗（Livarot）的乳酪展，品尝刺鼻、有嚼劲、弹性、黏稠，富含 45％脂肪的乳酪。

马蒂尼浴场村（Martigny-les-Bains）的慢郎中料理——蜗牛，也不能错过。只要加点大蒜与奶油，配上冰凉辛辣的葛乌兹塔明那白酒（Gewurztraminer）。你会说，这真是无可挑剔的绝妙组合。其他像是让男人心动的女人狂欢节、涉足波尔多最珍贵葡萄酒产区的梅多克马拉松，以及在伯恩（Beaune）举办的美酒拍卖会……这一场场的美食节，在欢乐与咆哮声中，激动了每个人的灵魂。

而台湾人最熟悉的鸡只，在法国可谓是悉心养殖。里昂北方，勃艮第（Bourgogne）、罗讷—阿尔卑斯（Rhone-Alpes）、弗朗什—孔泰（Franche-Comté）三区所围绕中，有生产法国最光荣国鸡之处。那地名为布雷斯（Bresse）。布雷斯鸡具备法国国旗的三个颜色——蓝色的脚、雪白的翅膀、鲜红的鸡冠。它们被称为蓝足贵族。每只小鸡都有至少10平方米的草地供以活动，并主要以大自然食物维生，再佐以玉米、小麦、牛奶等。尔后，会在木笼里进行肥化的过程。这种鸡肉质多汁、柔嫩滑致，成本昂贵，一般法国家庭只会在特殊的节日，才舍得买来品尝。

跟随彼得·梅尔的文字，想象力会不由自主地驰骋。没有华丽的文字用语，弄得自己老是在贫乏的文学底子中感伤；也没有严肃的思想意识，搞得好像若无轰轰烈烈地革命一番，就会对不起咱家的列祖列宗。

读他的著作是自由的，至少我是如此想着。想抛开一切，出发去旅行。也想整天躺卧在绿草如茵的草地上，没有任何牵绊。

这日，啃完此书。心灵停留在南法庄园宿醉，现实却督促着一道鸡汤料理。这里没有布雷斯鸡，但台湾的鸡肉也自有特色。打从父亲

＊法国国庆游行

入院，鸡汤的制作变成首要之急。偏偏这些日子都是这种糟透了的天气。气象主播不停地叮咛，会持续发布豪雨特报……如果不用出门，我倒是可以浪漫地隔着窗棂观看雨中忙碌的人群车辆，轻轻松松地给自己倒杯咖啡。只是，如今自己也成了别人眼中的景观。

雨天的市场，显得有些冷清。鸡贩瞅见难得的顾客，原本坐在椅子上半睡半醒地打盹，这会儿一跃而起。"来喔！小姐，要买什么？"

我张望着找寻上选的鸡肉。顾客不多，肉质倒还算不错——切面颜色亮眼，触感极佳，具有弹力。我抬头询问价钱："老板，这鸡肉怎么卖？"

"土鸡整只一台斤（600克）110元（台币，下同），乌骨鸡一台斤120元。"看我没有应答，老板继续说着，"鸡腿一台斤160元，鸡翅一台斤100元。还是你要鸡壳，很便宜，只要15元。"

台湾的居民，除了原住民高山马来族外，以福建、广东移民者为大宗。中国的大江南地区以养鸡著称，生产的品质可谓首屈一指。虽承袭自大陆，但台湾不管是饲养鸡只或鸡肉料理，数百年来，早已融入岛屿海洋风格。目前市场上普遍贩卖的多以土鸡、放山鸡为主，搭配少许的乌骨鸡与肉鸡。乌骨鸡在老人的观念里，是滋补养身的上品，故价钱总略高。肉鸡则因饲养方式，购买的人数呈递减。

台湾人的鸡肉料理，炖汤也好，或是炒、炸、烤、煎、盐焗、烟熏、三杯等，每一种做法都能呈现不同的感官与味觉。念书时，与同学控

＊法国国庆游行后的咖啡厅

土窑，从搭土块、生火、长时间忍受空腹等待，到打开包装，吃到香味扑鼻的土窑鸡，那种美好，一生难忘。相传土窑鸡是中国古老的"花子鸡"，在乾隆下江南时，相当受到喜爱。这道菜完全不需要其他炊具就得以烘烤出来，真不得不佩服古人的智慧。

考虑许久，选定了整只土鸡及鸡壳。所谓鸡壳乃全鸡之骨。为了让汤汁更浓稠，我多买了一副。连同土鸡的全骨，都拿来熬煮高汤。我请老板将两只鸡腿及鸡翅剁开分装；鸡胸肉则去骨。腿肉与翅膀可做成西式的香草烤鸡、或者中式的玫瑰油鸡。至于鸡胸肉，可料理成宫保鸡丁、辣子鸡丁、各类沙拉或凉拌鸡丝小黄瓜！

鸡肉高汤制作前，需搭配其他蔬菜共同熬煮。我采买些当令蔬菜，便宜又新鲜。只要用心，美味经济的汤头唾手可得。前几年，对高汤没有概念，熬煮鸡汤，只把鸡肉、水、米酒及其他食用的配料全数下锅，煮约一小时，就自以为是地端上桌。鸡汤不难喝，但汤头似乎少些滋味，食用配菜的味道上也略有逊色。直到这些年日，煮食经验稍多，才得以摸索出制作高汤的秘诀。

首先，将鸡骨头放进烤箱以摄氏175度（华氏350度）烤约25分钟。取出，放进锅内与水炖煮，水量约4升。小火煮约一小时后，整瓶米酒加入，并陆续放下甜玉米、红萝卜、洋葱、红枣、蛤蜊、小鱼干、大白菜、青葱与香菇，以及不可少的提味品——辛香料蒜头、姜。覆以锅盖，文火熬煮，过程中，无须加水。每隔一小时，检查水量及食材，

＊制作鸡汤之食材

并予以搅拌。那么，需候时多久呢？当中有个秘诀，吾家称之为熬汤呼吸法。

朋友皆说，煮高汤得费时多久才够味。不过，在我家厨房，完全视自我时间而定。通常我会先烹煮些时间，让食材之间彼此熟稔。之后便加盖关火，处理其他事务。有空时，开火炖煮，无空暇了，又关火，此般循环。整体高汤炖煮需约24小时，包含过夜。这呼吸法，主要符合现代人多工，避免在厨房花费过长时间而演变出来的。炉火开关之间，锅内温度变化，皆会为食物带来意想不到惊喜。你担心熬煮时间不够？事实上，关火期间，余温仍在进行，温度会徐徐下降。用不了多少瓦斯费，便可在呼吸法中，煮出很棒的高汤。锅内所有食材呈软烂状时，就能停止。汤凉后，用滤网沥过所有的骨头与配料残渣。然而，

＊雨景

最重要的步骤可别漏着，这些残渣沥过后，请用力挤压出含在里面的汤汁。有些人嫌麻烦，省略此做法，殊不知此为精华之处。这些高汤呈现美丽的金黄色，尝起鲜味至极，不需任何味素，即拥有最自然的甜味。工作完成后，为菜肴加分的高汤便大功告成！

近来收看英国主厨杰米·奥利弗（Jamie Oliver）准备火鸡大餐酱汁的节目。里面提及，制作法国料理时，整锅汤汁若煮至 ½ 量，称为高汤；若只剩余 ¼ 量，便成为名副其实的酱汁。奥利弗熬酱汁，我做高汤，其中确实也略有不同。他用西方特产香草——如迷迭香、百里香、月桂叶、西洋芹等与红萝卜、鸡翅膀来成就；我则采用鸡骨头与台湾现有蔬果、干料来制作。虽说东西方食材种类不同，精髓却相似。

高汤一直是家中备品。我常选在闲暇时分熬煮，部分送进冷冻，其余放置冷藏。炒菜、煲汤、做料理，高汤取代味精之使用，让健康、美味与营养皆备。甚至能在有限时间内，迅速煮碗汤面，或者加葱花、芹菜当清汤来饮用。

父亲喜爱海鲜与面食，于是我取了香浓的汤汁，做份鸡汤海鲜面，准备拿去医院。

外面的雨持续发威。我将提锅层层包覆，跳上机车，直奔荣总。这汤面虽非尊荣国鸡而成，但也是纯爱心手工，于健康有益。此时，豪雨突然进攻，为了保全鸡汤，我将车子暂停在路口骑楼。店家小姐探头出来，斜眼望我，没说什么。大概是见着我一身狼狈，满是泥泞之窘状。她若知我是为了父亲送鸡汤，肯定会收起睥睨目光。终于，雨势稍缓，我检查了小小的提锅，停了胡思乱想，再一次，又冲入雨水与车阵当中。

《法国盛宴》

French Lessons :
Adventures with Knife, Fork, and Corkscrew

作者／彼得·梅尔
Peter Mayle
译者／江孟蓉
出版／皇冠文化出版

鸡汤海鲜面

〔2 人份〕

食材

———

○ ½ 颗洋葱切丝

○ ½ 颗蒜头切末

○ 1 小匙小虾米

○ 1 升（L）鸡骨高汤（若高汤
过浓，可稀释使用）

○ 100 克（3.2 盎司）米酒

○ 1 只甜玉米切块

○ 数颗蛤蜊（视个人需求）

○ 300 克（10 盎司）面条

○ 2 ～ 4 尾中型草虾（视个人
需求）

○ 2 株青葱切花

做法

———

① 起油锅，将洋葱、蒜头、与小虾米爆香，
捞起备用。

② 将高汤煮沸，倒入米酒。接着，将玉米与
蛤蜊煮熟。

③ 另煮沸一锅水，面条煮至半熟，打捞、沥
干水分，放进高汤里。

④ 草虾放入锅中，与面条一起煮，面条煮至
8 分熟关火。

⑤ 加爆过香的洋葱、小虾米，稍微搅拌，盛碗。
撒些葱花。记得喔，别等面条糊了才吃。

爱的 APP

新 英 格 兰 玉 米 巧 达 汤

沈 倩 如

在我很小的时候，外公便过世了。对他的印象总是背影，他骑脚踏车载我上糕饼铺，他弹琴教我唱主日学歌，他对着墙躺在病床上。曾在梦里见过他，不再背着我，脸上挂的是遗照上的笑容，唯一的表情。我们一起建立的记忆不多，我确定，他若在世，一定会安抚我的哀伤、为我的喜乐而高兴，只是，偶尔仍想听听他的声音。

几次，在梦中执意跟他说几句话，要他的回应，然越是固执，梦越易消失，像是拉得太长、绷得太紧的橡皮筋，终将断掉。双眼未开，泪水早就泛滥，所有都成了无声，周围散放着令人困惑的诡异，温暖、忧伤的情绪同时涌来。有时，明明醒了，梦中的情景差不多忘了，还无止息地哭，说不上是难过，纾压居多。

再见已逝亲人，原来就是这么一回事。熟悉令人欣慰，即使他只有那张不变的面貌；思念是纪念，即使对他的记忆有限。

每回这么从梦中醒来，总觉得不可思议。朋友或至亲，在法国哲学家德里达（Jacques Derrida）看来，当他们死了，我们与他们的对话并未结束，却从内在开始；不论为他们悲伤与否，他们不单单是可以回想的记忆，或是一系列的影像、声音、事件，他们活在生者的心里，持续情谊。忽而明白，数十年来，外公和我的关系，就依附着一丁点的记忆，维持下去，仿佛跨越了生与死的界线。

思也罢，念也罢，在有些懂的理解中，我遇见萨姆，一位母亲早故的电脑工程师。

＊爱的 APP

萨姆是线上交友网站的软件工程师,却无约会对象,于是写了套心灵伴侣演算法,从会员的电子和非电子足迹来牵线,一配即成。以身测试,他配对上同事梅丽德丝,两人一拍即合。可惜的是,公司赚钱有赖会员对爱情不断地寻寻觅觅,利益冲突,他被解雇。后来,梅丽德丝的外婆去世,走得突兀,来不及道别。为了减轻女友的悲伤,萨姆依她外婆的电子邮件、简讯和视讯通话等电子通讯记录,编写另一套电子记忆演算法,让梅丽德丝得以和往生的外婆延续线上相会。透过电脑科学,梅丽德丝写给外婆的电子邮件会得到对方的回信,虚拟外婆会打视讯电话给梅丽德丝。新的回忆在创造着,几如寻常生命。

在梅丽德丝和其表哥鼓励下,萨姆成立了 RePose 公司,将该套演算法商业化,期能协助生者与死者说再见,让生者走过失去至亲的悲恸。RePose 使用者想见已故亲人的目的不尽相同,有人想告白,有人想发泄,有人想重温曾经的熟悉。

问题来了,逝者的电子记忆里没有自己的死亡,当生者悲伤惊讶地对屏幕上的虚拟人说"你死了!"得到的回应往往是不知所措。萨姆订下唯一使用规则:不可跟死者说"你死了"。可是,有那么一天,屏幕上的人知道 RePose 为何物,跟他说"你死了!"他问"我怎么死的?"或答"我了解"。这般的吊诡对话,在科技介入下进行,真能帮助双方互道再见吗?还是延缓了悼念程序?我倒宁愿相信,这其中有它的解脱作用,可以一点一滴地将痛抽出来,让心灵得到敦厚的情感，将伤口包扎。

这是美国作家萝莉·法兰柯（编注：Laurie Frankel，大陆译为萝瑞·弗兰克尔）的著作《爱的 APP》（编注：*Goodbye for Now*，大陆翻译为《学着说再见》）的故事，写着生者如何借由死者的记忆，学习放手、学会面对。小说将冰冷的科技与温馨的爱结合，初读来，有一种风趣甜美，尔后的文字淡淡忧伤，却没有透不过气的沉重。

故事进行中，穿插了萨姆对早逝母亲与萨姆父亲对太太的思念。当萨姆才 13 个月大，母亲车祸过世。年幼如斯，失去至亲，一辈子心里都有个无法填补的缺口，那是储存双方共同回忆的地方。萨姆的父亲刚好相反，在他的心头，有与太太一起做过的事，哪怕只是循着味道，都能想起她。遗憾的是，不甘不舍，又能怎样？时间流转，记忆总会变得不可靠，剩下的是越来越抽象的片段，数位记忆也只能充当小抄。

萨姆的母亲是烹饪高手，父亲则不擅料理。有一晚，夫妻俩踏雪归来，太太建议煮道热汤，暖暖身子。食材不够，太太秉着任何东西都可以煮汤的道理，提议来道蛤蜊巧达。读着食谱，她就着家中现有食材，将动物性鲜奶油以脱脂牛奶取代，芹菜换成红萝卜，米替代马铃薯，没蛤蜊就拿鲑鱼。食谱上的材料，只剩洋葱，家里有。她解释：洋葱无可取代，煮汤就从它开始，其他食材、组合、量，都可以改；你只要把东西放进锅里，煮到好吃就对了。记着这小贴士，萨姆的父亲成了煮汤高手，任何汤品都难不倒他，尽管其他菜依然不会。

＊玉米

啜饮热汤，温暖五脏六腑，人世间的幸福。当萨姆生活、工作遇上挫折，最爱与父亲来碗汤、聊聊天。胃温了，心也暖了，问题有无解决已不重要。

小说里，萨姆母亲想煮的巧达，是美国东北部新英格兰地区的经典料理，随食材不同，演绎出鱼巧达、玉米巧达和蛤蜊巧达的变化。雅各·沃克（Jacob Walker）在所著的《巧达历史：新英格兰膳食四百年》（*A History Chowder: Four Centuries of a New England Meal*）中提到，1751 年 9 月《波士顿晚报》刊登一份堪称最早出版的巧达食谱，以分层烹饪法将食材风味融合并散发出来。它是这么做的：先将洋葱铺在锅底，以免腌肉烧焦，然后再放上薄腌肉片，这是煮巧达的第一必需步骤；随后放鱼，以盐、胡椒和香料调味；加巴西利、甜马郁兰（sweet marjoram）、香薄荷（savory）、百里香，再放上已浸过一段时间的脆饼；接着就可以煮了，要再铺几层上述食材亦可。

巧达与一般海鲜汤最大不同处在于，它以腌肉当汤底，用饼干来稠化。然说是稠化，巧达本身有点稀，像粥，而非黏糊糊的浓汤。现代做法少用饼干来煮，多以中筋面粉取代，喝时，才放些碎饼拌着，缺点是，面粉不慎放过多，常把汤煮得过稠。

巧达食谱众多，是有地域性的。马萨诸塞州加牛奶和马铃薯，是新英格兰代表；罗德岛不放乳制品，偏清汤，红巧达用的是番茄清汤。不属新英格兰的曼哈顿也凑热闹，硬是以蔬菜和番茄，搞个曼哈顿巧达。对多数美东北部人而言，曼哈顿家的只能算是番茄汤，在此不喝新英格兰巧达，想来碗曼哈顿巧达，绝对是背叛，就像当地人说他不是新英格兰爱国者队粉丝。与不同州的新英格兰人聊新英格兰巧达做法和历史，根本是自找苦头，只因各地各有一本故事经，唯有他家的才正统。

汤底是巧达的灵魂，有腌肉的咸、洋葱的温甜、马铃薯的淀粉、高汤的鲜甜。至于其他食材，只要不是到波士顿参加一年一度的巧达竞赛，口味不妨依个人喜好变化。想来点烟熏味，加些烟熏火腿，喜辣者，放辣椒点缀一下，蔬菜和香草依季节添加。今天家里没有蛤蜊，以玉米代替，煮了锅新英格兰玉米巧达。

烹调玉米巧达前，我会以玉米骨煮锅玉米牛奶汤。先拿只大碗，将玉米竖立于碗中，微尖顶部朝下，用锯齿刀从上至下，削下玉米粒。看那洒落中的清亮润黄，忍不住偷吃几颗。玉米骨上残留的玉米浆是稠化汤底的好料，把玉米骨折半，放到汤锅，加牛奶慢煮出味，拿掉玉米骨，就是玉米牛奶汤。

用另一只铸铁锅（荷兰锅）干煎培根，不消几分钟，细白红嫩被煸得干红棕扁，香味四溢，历练后，果真魅力十足。再把刚刚害我泪流不止的洋葱入锅，驯服到透明柔软。有时候，加洋葱炒前，我会把培根拿出一些，喝汤时，加在上头提味装点，有焦脆的口感。洋葱炒过后，将朴实的饼干和马铃薯放进去稍做拌炒，裹点油光滋润，再倒

＊新英格兰玉米巧达汤食材

入玉米牛奶和高汤炖煮，便成了巧达汤底。

我缓缓搅动这锅看来已是柔润丰腴的汤底，热气隐隐盘升，奶香细密袭来，饼干不见踪影，此时被诱得真想就此打住，管它有的没的其他食材。几回天人交战（很戏剧性地），最后，毅然决定加玉米粒。玉米含淀粉，有稠化的功用，因此，入汤后，我让它们先煮个几分钟，观察一下，再决定稠度是否合意。你若喜欢汤汤水水的，多加些高汤；若要稠些，加点碎饼干即成。

入秋转凉时，第一道想煮的汤即是玉米巧达，桌上一锅温热香浓，简单又惬意不过了。盛上一大碗，撒些小碎饼，先喝几口汤，让身体暖和起来。舀一大匙汤中精彩，才入口，乳白的马铃薯温顺地松软，棕红的培根咸香回荡，金黄玉米清甜爽口。此款汤，很适合提早煮或隔夜饮，让时间帮它温存入味。

边喝着，想起外公教我折药包：正方形纸对折成三角形；左角右折至底边离右角三分之一处，右角亦同：底边两角重叠处形成一个开口，将上面的尖角往下塞入该口。逝者曾经教过我们的事物，不会忘记，它潜伏在体内，一些提示，就能在心里唤起。

《爱的 APP》
Goodbye for Now
作者／萝莉·法兰柯
Laurie Frankel
译者／陈佳琳
出版／时报文化

新英格兰玉米巧达汤

〔4～6人份〕

食材

———

○ 4 根玉米

○ 3 杯牛奶

○ 5 条培根切成 0.5 厘米宽的
小片

○ 2 颗洋葱（2½ 杯洋葱丁）

○ 2 杯马铃薯丁

○ 香草包（适量百里香、巴西利
和迷迭香）

○ 2½ ～ 3 杯鸡高汤或水

○ ½ 杯碎蚝饼或低盐苏打饼

做法

———

① 玉米粒削下备用。

② 玉米骨与牛奶在汤锅中齐煮，至即将沸腾，
转小火慢煮出味。

③ 玉米骨取出，玉米牛奶置旁备用。

④ 热另一只汤锅或荷兰锅（Dutch oven），入
培根，以中小火煸至酥脆，取出过多的油。

⑤ 加洋葱丁炒香，呈透明，再放碎饼稍搅拌，
续放马铃薯丁。

⑥ 将煮好的玉米牛奶倒入锅中，加 2 ½ 杯鸡
高汤（或水）和香草包，文火煮至薯丁松软，
即成巧达汤底。

⑦ 取出香草包，把玉米粒入汤锅（依个人对汤
的稠淡喜好，可再加点高汤或水），小滚几分钟，
关火再焖一下即可。

⑧ 以盐、白胡椒调味。

驯龙高手

红烧鲷鱼

杨蕙瑜

从《驯龙高手》（*How to Train Your Dragon*）电影原声带中的 *Forbidden Friendship*（《被禁止的友谊》）、*Test Drive*（《试骑》）到 *Romantic Flight*（《浪漫飞行》），我的心与剧中女主角亚丝翠一般，由原本的无法掌握、不安局促、无垠的恐惧感，到后来的全然信任、松手拥抱天边的云彩，小心翼翼地触摸眼前的巨龙"夜煞"，甚至放下心防，给了男主角小嗝嗝一个真心的亲吻。我知道，约翰·鲍威尔（John Powell）的音乐又再一次征服了我，随着这些音乐，我将乘风飞向天际，遨游地球彼端。

有关约翰·鲍威尔的原创音乐，我从 2004 年的《谍影重重 2》（*The Bourne Supremacy*）与 2005 年的《史密斯夫妇》（*Mr. & Mrs Smith*）中，首次见识到，并享受那时而低沉、时而紧凑澎湃的电影配乐。这回观赏的《驯龙高手》，可说是编剧与配乐的经典版。除了交响乐团，大型的管弦乐，还添加了当地的传统乐器——哈登角琴（Hardingfele），一种拥有 8～9 根弦的挪威小提琴，让所有的配乐更贴近北欧的民族风，并带些海洋的神秘面纱。

说到维京人，于我的印象，是童年的卡通《北海小英雄》（编注：*Vicky the Viking*，大陆译为《维京小海盗》）。此后，脑海中便不曾再有维京人的讯息，取而代之，是联考的桎梏。最近的"驯龙高手"，可说是重新唤起我对维京人的初始记忆——驾着海上龙船，活跃航行于北海各地的斯堪的纳维亚人。剧中"小嗝嗝"正是个道地的维京少年。在部落与龙争战了三百年后，片头便由雄壮的战争场面拉开序幕。族

＊捕鱼船进港

223

人紧急地救火，投石器，大把斧头挥向巨龙的画面不断重复。小嗝嗝的父亲背负着的是带领族人直捣龙穴，以绝后患的伟大使命。

尽管小嗝嗝是族长的独子，却一点都没有维京人的虎背熊腰，孔武有力。维京人个个是屠龙高手，他却连拿斧头与盾牌都使上不力。也许正是异于常人的个性与外形，在那个巨龙与维京人对立、冲突的时代，他代表一股新契机的产生，用迥然不同的方式，改变巨龙对博克岛的威胁与挑战，也转换了父亲对他的看法与观点。

故事起因于小嗝嗝所发明的投射器，咻的一声，射中了从没现身，也从不失手的"夜煞"。依据维京人编纂的屠龙宝典，所有的龙皆是极度危险，绝不手下留情。而独独"夜煞"无人交手过。它，被称为闪电与死神的后裔，虽如此，梦工厂却给了它一个时而凶猛、时而讨喜的外貌。以至于在它受伤后，小嗝嗝从其眼中看到和他一样饱受惊吓的眼神，进而放下原本要下手的短刀。也许有过同样的害怕，他对亚丝翠说："我看到它，就像看到自己。"于是，在一连串无声无语，以敲击乐器为起头的轻快、温和的 *Forbidden Friendship* 旋律下，有如音乐盒般水晶的叮当声，让小嗝嗝走进"夜煞"所画的不规格图作里。渐强又急促的弦乐此时进场，小嗝嗝跳着他的脚步，一转身，他突然感受到"夜煞"的呼吸。人与龙第一次近距离又友善地接触。难道只能用屠杀来杜绝彼此的伤害吗？抑或是，这段被禁止的友谊能够带来和平共处的结局？音乐缓慢落幕。

＊市场上的鲷鱼

随着友情的滋长，小嗝嗝发挥铁匠的专长，为它受伤的尾翼，打造了小小义肢，并引导它再一次伸展美丽的翅膀，滑翔千山万水。*Test Drive*，试骑，在此刻，与天、地、海的背景下，给了气势磅礴的配乐。

亚丝翠所代表的，是一个剽悍、有理想又好胜心极强的维京女战士。从她冷酷、不惜身上留些伤疤，又对小嗝嗝撂下狠话的过程来看，她是个自视甚高、勇往直前的女孩。可是，在她认同小嗝嗝后，却也表现出内心的温暖与柔情，带头给予小嗝嗝支持与鼓励。我很喜欢编剧巧妙性地在剧中安排"道歉"这两个字所带来的改变。在亚丝翠"道歉"之后，*Romantic Flight*——浪漫的飞行于焉开启。小嗝嗝的父亲对儿子道歉以后，"夜煞"与小嗝嗝便英雄式地与恶龙决一死战。当小嗝嗝自空中坠落，父亲在灰烬中找不着儿子，痛苦地跪下，并对"夜煞"表示无限地懊恼与悔恨时，"夜煞"打开了怀中紧紧被保护着的小嗝嗝。

原来，道歉是重要的。这应该是编剧除了大场面的屠龙、尽情地骑龙画面外，还想告诉每位观众的吧。

维京人狩猎、也捕鱼。他们生长在极度险恶的环境中，由于过高的纬度，九个月的下雪，三个月的冰雹，使得岛上土壤贫瘠，几乎长不出好的作物。海中的渔获于是成为主要食粮，巨龙所吃的各种鱼类，小嗝嗝拿来喂养"夜煞"的鲑鱼、冰岛鳕鱼、鳗鱼等，可以看出他们对"鱼"的倚靠性。

北海、大西洋有其特有鱼种。位于太平洋的我们，也大量饮食鱼

＊清洗过后之鲷鱼

类。以前家里常吃鱼，父亲的友人喜爱海钓，常前往澎湖等海域钓鱼。每逢周末过后，家里总有几尾朋友送来的新鲜海鱼——黑格鱼、鹦哥鱼、沙肠鱼、红槽鱼、红鲋鱼、炎光鱼、三角鱼等。这些现捞的渔获，偶尔能当成生鱼片食用。幸运的话，还有些海鳗。每回母亲要煮鱼时，家里总大动员地，帮忙将鱼去鳞、清除内脏。遇到大型鱼种，得先磨利大菜刀，才有可能将之切块放入锅内烹煮。

在海外吃中国菜，常吃到许多蚝油、酱油，品尝过后总觉得不对劲。过多的甜度，遮掩了鲜鱼原有的味道。其实每种鱼，都有其与生俱来、不同的腥味。母亲常以姜丝煮鲜鱼汤，上桌前滴些米酒，香气宜人。或者也以豆豉、破布子清蒸或炖煮。平日，亦常买吴郭鱼。这种市场里最普遍、平价的鱼，煮出来的料理一点都不逊色，同样让人回味。

近来吴郭鱼被命以悦耳的名字——鲷鱼，市场上有咸水鲷鱼及养殖的两种，通常在市场上是活蹦乱跳的。这种鱼有明显的土味，一般烹饪时，会以酱油红烧或凤梨豆酱来料理。有时，你甚至可以将整只未杀的鱼买回来养着或暂且冰着，在晚餐即将来临时再将之开肠剖腹。这样的做法绝对有个好处，现杀的鱼全身充满弹性与活力，煮出来的鱼肉及汤汁鲜味百分百，完全不会亏待你的味蕾。

烹饪的方法很简单，只需注意几个小贴士。其一，热油锅时，须静静等候油温升至高温。其二，下锅油煎之前，清洗过的鲜鱼需事先稍微晾干，且趁油锅高温时尽快放下。其三，整体烹煮的时间皆以文火进行，因武火会使鱼肉变得干涩无味，鱼皮四分五裂，甚至焦黑。届时就可惜这条肥滋滋的鲜鱼，以及它为了填饱我们肚腹所做的牺牲。

维京人也好，台湾人也罢，任何海岛地区，那冒险犯难、敢于尝试的精神可是一直潜藏于我们体内。只要相信自己，经常告诉自己，我隶属于海岛，我是驯龙高手，自然也是烹饪好手。煮出美型、不破皮又香喷喷的红烧鱼在掌握之内，为可达成之目标。于是在练习得当，时机成熟之后，你将会像小嗝嗝一样，乘坐自己的龙，端出海岛的红烧鱼，在大地天际之间翱翔飞舞。

然后，记得给自己一个喝彩。

《驯龙高手》

How to Train Your Dragon

导演 / 迪恩·德布洛斯

Dean DeBlois

克里斯·桑德斯

Chris Sanders

红烧鲷鱼

〔2 人份〕

食材

———

○ 1 尾大型鲷鱼

○ ⅓ 颗蒜头切末

○ 小块老姜切丝

○ 2 颗香菇切片

○ 2 株菜豆川烫（汆烫）后切
　 成约 0.7 厘米的小丁

○ 2 大匙酱油

○ 150CC（ml）米酒

○ 1 大匙番茄酱

○ 适量辣椒切丁

○ 2 株青葱切花

做法

———

① 首先，将鱼洗净，晾干，并在身上划下二
　 至三刀，让靠近鱼骨部位的鱼肉熟透。

② 转中小火热油锅。锅子的温度需持续到高
　 温。此时的油会呈波纹状，一个水滴就足
　 以让油大肆奔放，奋力起舞。

③ 放下鲷鱼，转小火。此时需小心喷出来的
　 热油。将锅盖置上。约 5 分钟后，可以掀
　 盖检查一下。如果已经煎熟，请翻面继续
　 煎另一面。

④ 加入蒜末、姜丝一旁爆香，再下香菇片与
　 川烫过的菜豆，稍微拌炒。接着倒进酱油、
　 米酒、番茄酱，再滚约几分钟后。翻面，
　 使另一面也浸在酱汁里。

⑤ 酱汁稍微滚后，便可先将鱼取出盛盘。此时，
　 工作尚未完成呢，还得进行最后阶段——
　 配料与酱汁之处理。在锅内再倒入些许米
　 酒与水，混合之前的酱汁。下辣椒丁与葱末，
　 兜炒几回，并等待米酒水将锅内残余的酱
　 汁吸取出来。

⑥ 锅内酱汁滚烫后，均匀淋在鲷鱼上。完工。
　 请大家动筷子要快，晚了就得等下一回了！

丛林人

苹果汁炖牛肉

沈倩如

我有一个百宝盒，专放亲友寄来的卡片和信件，里面有张莫奈的苹果画明信片，那是友人旅行中寄来的，说她在那儿闻到乡村的气息。我把小卡片凑近了嗅一嗅，告诉她，有苹果味。友人笑得明亮，眼睛像弯月。我们心里明白，这不是小时候爱买的香水卡片，我们闻到的是只属于我俩的苹果气味。

好多年前，我们都还是青涩的学生，我拿了颗苹果给她，她说舍不得吃，摆在书灯旁，每次念书时，闻到那香气，好有精神。一年后，她转学到遥远的城市，我们失去联络。再隔几年，某个初秋午后，我们在大学宿舍长廊相遇，命运安排我们进了同所学校。次日，我的书桌上多了颗苹果，旁边小纸条写着："来访未遇！先吃，别等我。"

百宝盒充满了这样的时刻，不设防地搅起一些沉淀。

新英格兰多得是苹果园，邀她来一道摘苹果，她回信中的"好！"至今未实现，而我却抵不住秋天灿烂果树的诱惑，已进出几回。一进园子，那景象真是壮观。一排接一排的树，刺眼的秋阳照得不见尽头，四方伸展的树枝垂挂着数不清的果实，有的被压得着地，颗颗掉满地。丰收如许猖狂，有的颓废凌乱，有的盛气沛然。

园子旁有间大谷仓。里头，机器韵律地冲洗堆积的苹果，准备将它们磨成软泥后，包在布里，层层堆到压榨器木架上，待机器往下压，浅棕果汁流溢，收集装瓶成浓醇甘甜的纯苹果汁（apple cider）。外头，哒哒马蹄声由远而近，我禁不住回首，看到有人推着独轮车进来，身影背光阴暗，恍惚中，以为他是查尔斯，电影《丛林人》（*The Woodlanders*）里的痴情男子。马车上，小孩喧哗走下，把我拉回现实来。

《丛林人》改编自哈代的同名小说，承袭他的"失而复得、得而复失"悲剧风格。故事里，查尔斯和格蕾丝自小青梅竹马，互定终身虽非正式，却是公开的事实。然而，格蕾丝外地求学归来后，自认视野宽了，而他尚在原地踏步，于是，感情有了犹豫。花了大把钱培养女儿的父亲也相信，她已非昔日的乡下女孩，该多走走看看，怂恿甚无主见的她接受年轻医生艾德瑞的追求，尽可能地凑成。

格蕾丝对艾德瑞，谈不上爱，敬畏居多，可是仍下嫁于他。婚后，两人越渐冷漠，艾德瑞露出本相，与地主寡妇查蒙德夫人展开

＊小苹果

一段婚外情，继而抛弃妻子，远走他方。艾德瑞始终认为，不论受教育与否，格蕾丝究竟是个村姑娘，地位不及他。如斯想法，无疑地赏了格蕾丝和其父亲两个大耳光。当初，他们又是如何看待查尔斯。在一阶阶自我设定的层级中，你看不起别人，另外还有人看不起你，没完没了。

认清女婿的真相，父亲补偿似的想帮女儿离婚，偏偏彼时法律，离弃或婚外情均无法构成离婚要件。走在一段不愉快的婚姻中，格蕾丝整理了心情，渐渐懂了自己。一段时日后，艾德瑞忽然返家，欲与格蕾丝重修旧好，她不顾一切逃离，在查尔斯家得到庇护。可惜，最终是一场哀痛。

＊苹果掉落一地

对格蕾丝，我可有一肚子的气，明明自作自受，却把责任推到父亲身上，到头来更害了深爱她的男人，而这男人也是死脑筋得紧。几百年前的人谈爱情，真让人生气，看着电影，忍不住想伸手过去，把他们摇醒。

查尔斯爱格蕾丝，死心塌地。当她忧虑，他只想过去抚平她的眉头，当她快乐，他的眼睛跟着有笑意。站得远远地看她，他是一脸认真，心跳明显在律动。叹息的是，感情总爱捉弄人。查尔斯恋着格蕾丝，身旁有个女子也爱着他，默默地。那是同在林子工作的马蒂，一个饶富意味的角色。把她删掉，几乎不影响剧情发展，但她却是电影开场与结尾人。

命运与讽刺，在最无防备的时候，缠了进来。马蒂与查尔斯是林地人，查蒙德与艾德瑞是林子外的人，格蕾丝在两地间徘徊，交织成不可饶恕的悲剧。这是哈代一贯的写法：在错的时间，遇到对的人，是无奈；在错的时间，遇见错的人，是悲伤；在对的时间，遇到对的人，是太晚。

＊旧时苹果压榨器

原著是哈代最爱的作品，许是故事背景设在母亲成长故地，改编电影，灰暗阴霾色调里，带着朦胧的柔美。电影取景忠于原著，将林子的声音和景致，淋漓尽致呈现，甚至味道，壁炉柴烧，苹果残渣，隐约闻得到，是另类对白。

林子里的人，靠林维生，伐木取材、经管苹果园。查尔斯在格蕾丝父亲的林地做事，苹果季期，推车载台苹果压榨器，到处榨果汁挣钱。电影有两场苹果戏，道尽格蕾丝的心境。自幼在苹果园长大的格蕾丝，从城里归来后，已辨不出 bittersweet 和 John-apple 品种的不同。查尔斯看在眼里，有了底。丈夫离开后，有一天，格蕾丝与查尔斯不期

＊古旧苹果推车

而遇。他推着苹果压榨车走来，皮肤金黄，是秋天的颜色，一身朴朴，是工作的痕迹，秋阳在映照，苹果汁味道在飘浮。她告诉他，推车里的苹果是 bittersweet，他笑了，知道那个女孩回来了。

两个人，这么多年走来，像 bittersweet，亦苦亦甜，像纯苹果汁，半透明、未过滤、不加糖，纯然的爱。

中文"西打"，该是从"cider"直译而来。苹果西打（apple cider），在台湾是苹果汽水，在美国是纯苹果汁。根据迈克尔·波伦（Michael Pollan）所著《植物的欲望》（The Botany of Desires），如同其他国家，美国的西打原是酒，1919～1933 年禁酒令时代后，才成为未过滤、未发酵纯苹果汁的正式名称。纯苹果汁发酵而成的苹果西打酒（hard cider）与一般苹果酒（apple wine）又有不同，前者酒精含量约 5%，后者大多为 10%～11%。

苹果西打酒在殖民时期的美国，是相当受欢迎的，尤其在水不卫生的地方，它是饮料之王，可取代啤酒、咖啡、果汁及水，连小孩都喝。禁酒令前，种植苹果园，为的不是吃苹果，而是喝苹果西打酒。20 世纪，现代冷冻技术延缓发酵，纯果汁得以久放，"西打酒"一词才衍生出来，与"西打"区隔，但当时，受禁酒令影响，再加上东欧和德国移民偏好啤酒，苹果西打酒已不受青睐。直至 90 年代，佛蒙特州 Woodchuck Cidery 开始生产苹果西打酒，强调传统酿造，并舞着"手工制品"旗帜行销，苹果西打酒再度受到注目。

＊新鲜纯苹果汁

苹果汁或苹果西打酒，单喝或用于烹饪均精彩，发挥空间无限。冬天饮杯香料苹果汁或香料苹果热酒，最暖身。将纯苹果汁与橘子皮、丁香、肉桂、多香果粒、豆蔻及红糖，以文火共煮，想来点刺激，便加白兰地或莱姆酒。严冬中，喝下这么一杯，全身热烘烘。香料炖煮的苹果汁，芳香浓郁，单喝便已够味，若是拿来酿西洋梨，梨肉绵密，与香料浓汁融合一体，又是多重口味。家里，就这锅香料果汁，在炉上热着、放着，一室都是温馨。想象在苹果园农舍烤苹果派，味道就是这样了。

＊香料苹果汁酿梨

＊苹果汁烤根蔬

除当饮品，苹果汁尚可成为烹饪食材。煮锅南瓜浓汤，加些苹果汁，多了清香。烤时蔬，有苹果汁或与西打酒熬煮成的浓液，蔬菜烤完，仿佛刷了层苹果亮光，鲜艳动人，是吮指回味的好菜。华裔名厨Anita Lo设计的八角肉桂苹果汁盐腌火鸡，是感恩节大佳作。她的盐腌食材，涵括了苹果汁、粗盐、酱油、黄糖、黑胡椒粒、八角、大蒜、葱白、姜（带皮）、干香菇、肉桂条、芫荽，是亚式清雅。首先，将上述食材在大锅中煮沸，放至室温后再加冷水，即可入鸡浸泡，放冰箱隔夜。接下来的步骤便与一般烤鸡无异。将全鸡自盐腌中取出擦干，里外抹上盐和黑胡椒，鸡胸朝上，线绑鸡腿，置烤盘烤架上，待回复室温，约1小时。烤盘里倒些苹果汁和水，将切瓣苹果放入，与鸡（鸡胸朝下）同时烤，酿着鸡汁的丰美。这道烤鸡无填塞料，相当清淡，带着八角和苹果香，有别一般，连胸肉都是鲜美多汁。

正逢苹果季节，烹饪时，果实和果汁全派上用场，有丰收的扎实感。我这款苹果汁炖牛肉算是随性之作，用的是家里现有食材，有那么点法国诺曼底，也有一些些美国南方乡村，唯少了鲜奶油，醇厚中有清淡。苹果选用黄甜的金冠苹果（golden delicious）和青酸的史密斯苹果（granny smith），烹煮过程中不易变形，且果肉不会松散，甜酸亦俱全。苹果西打酒可以白酒取代，豪华点就来几小匙诺曼底苹果酒Calvados或白兰地。享用时，与小面包、意大利面或白饭搭配，倒杯西打酒，四周全是苹果香芬。

《丛林人》

The Woodlanders

导演 / 菲尔·阿格兰德

Phil Agland

主演 / 卢夫斯·塞维尔

Rufus Sewell

艾米丽·伍夫

Emily Woof

苹果汁炖牛肉

〔2～4 人份〕

食材

○ 适量粗盐和黑胡椒

○ 455 克（1 磅）室温牛肉切块
  及擦干

○ 适量橄榄油

○ 1 颗洋葱切块

○ 1¼ 杯苹果汁

○ ½ 杯苹果西打酒（可以白酒
  取代）

○ 1 香草包（4 根百里香、5 根巴
  西利、1 片月桂叶置于纱布袋中）

○ 2 根红萝卜削皮及切块

○ 2 颗大头菜（芜菁，turnip）
  削皮及切块

○ 1 颗青苹果削皮及切块

○ 1 颗金冠苹果削皮及切块

○ ½ 大匙中筋面粉

做法

---

① 牛肉块两面撒些粗盐和黑胡椒。

② 荷兰锅中热适量橄榄油，牛肉放入，煎至
  两面呈金黄色，盛起备用。

③ 同锅炒香洋葱，至透明后，倒入苹果西打
  酒和苹果汁，一边用锅铲把黏在锅底的肉
  屑等刮落。

④ 放入牛肉块和香草包，同煮至沸腾后，转
  小火，盖锅，炖煮至牛肉嫩熟，约 1 小时
  45 分钟。

⑤ 将红萝卜、大头菜入锅续以小火慢炖，约
  40 分钟后，再入苹果煮 5 分钟。

⑥ 取出香草包；舀几匙炖汁到另一小碗，将
  ½ 大匙中筋面粉与之拌匀，加入锅中，调
  稠炖汁。

⑦ 依个人口味，加粗盐和黑胡椒调味，即成。

昨日的美食

蜜 糖 李 子

杨 蕙 瑜

还是南台湾的阳光好，天空蓝得清澈。

刚结束八天的旅行回来，腰围马上加码一圈。回到家中，迟迟不敢站上体重计。每每经过之时，轻瞥一眼，心里马上就打退堂鼓，"呼～还是算了！"

隔天早晨，趁家人未起床，悄悄地走到那小磅秤前面。先换套轻装、拿掉身上的外来品——手表、项链，还有千万别忘记，得先上个厕所。准备妥当。深呼吸，脚尖踏上去。之后几秒钟——不信、怀疑、怎么可能、不会吧？下来，又站上，下来，又站上。最后，不得不承认这个现实，却也开始火冒三丈，气呼呼地去找先生大J，"天啊！前几天到底吃了什么？"

以代表作《西洋古董洋果子店》闻名的日本名漫画家吉永史，近来新作《昨日的美食》，英文译名即是 *What Did You Eat Yesterday*？至今仍在连载中。这是喜好美食的吉永史特地画的料理漫画，里面以过半的篇幅巨细靡遗地介绍烹饪过程——鲑鱼昆布炊饭、芜菁味噌汤、用鲔鱼罐头与番茄制成的鲔鱼番茄凉面；以春笋、海带芽制成的竹若煮；茄子与猪肉的中式辣炒、梅香沙丁鱼、四季豆马铃薯、盐烤秋刀鱼、栗子饭、烤鸡腿、日耳曼洋芋等。说是日式家常菜的教学也不为过。

漫画中的主角是律师筧史朗与美发师矢吹贤二，在东京某公寓共同生活的故事小品。为了攒够退休养老基金，筧史朗几乎每天都下厨。他会准时离开公司，到超市买菜，然后返家做饭。

＊市场内水果摊贩

243

都市的上班族，能自行买菜做饭的，不仅是跟时间、体力赛跑，也与毅力搏斗。依笕史朗在公司工作几十年的资历，多数已属中高阶主管，承担公司营运主力的阶段。对这些人而言，能及时下班的，应是少数中之少数。然而，若要顾及一家子的健康，自己下厨是最佳理想状态。可以省去不必要的油质与调味品，也除去诸多对身体的负担。

不过，想动手烹饪的动机，往往得面对接踵而至的考验——怎么买菜？如何做菜？怎样处理剩余素材。

故事情节中的笕史朗在挑选食材时，总不忘透露两个原则——便宜、当季。他其实没有特定的菜单，在市场里，只要品质够好，哪项在特卖，哪样是此时特产，买下准没错。这个做法相当符合经济学中供需理论：当某项物品量产时，在市场上供给多于需求，价格必定下降。笕史朗在选购同时，脑中也开始盘算着晚餐的食谱。虽是简短的动作，却有助于节省烹饪时间。能够在返家后，马上着手准备，及时烧出当晚菜色。当然还有第三个原则——计量。要做到不浪费，在食材新鲜美味之前便烹煮完毕，可也是项大工程。我很喜欢电影《阿凡达》（*Avatar*）里纳美部落的人生价值——"所有的东西都是借来的，终有一天，皆须偿还"。这说明了自然生态与人类之间的密切关联与连动状态。拿漫画里的笕史朗来谈，他常提醒自己，部分食材中可做成何种料理，其他下回可加工成哪道菜。不仅如此，他也总是为来不及烹煮而腐败的食物懊恼不已。

虽然是既简洁又令人愉悦的漫画，仔细咀嚼，仍能品出诸多生命中道理。这应该亦为吉永史想告诉大家的生活哲学。毕竟在都市丛林里生存，并非易事。工作上厮杀结束后，另得承受无数的账单——房租或房贷、车子贷款、管理费、水电瓦斯费、电话费。没完呢，伙食费、小孩的教育费、零用钱，与同事朋友往来的交际费、增加行头的置装费、调剂生活的娱乐费用。还有啊，可别遗漏了对长辈的敬老费、自己养老的存款，以及头痛、胃痛的医药费。这些零零碎碎的支出，衍生了吉永史笔下那爱钱的笕史朗，甚至当看到室友矢吹贤二兴奋地带回冰淇淋时，他没有喜悦，只计较矢吹贤二买到的不是折扣品，而是原价产品。

必然，漫画还是保有它逗趣的一面。由于同性恋无法被广泛认同，笕史朗的母亲总停留在无法承受儿子出柜的事实。但相较之下，笕史朗却在市场里，因一颗大西瓜，结交到此生唯一的女性欧巴桑好友，双方的熟识与互动，也弥补了母亲自始至终对他的不谅解。

书中有段男主角在超市里选购大盒草莓的经过。话说笕史朗看到

＊当季的李子

245

两盒合计 300 日元的标价，想起草莓的产季即将过去，再不做果酱就错失良机，于是赶紧买下草莓，做了早餐涂抹吐司的果酱。在他制作果酱之时，正好，先生大 J 叩门，携了一大箱的李子进屋来。

大 J 像发现新大陆般，双眼炯炯发光地告诉我，这李子出奇便宜，况且此时不下手，恐怕李子的季节稍纵即逝。奇怪呀，我看了眼咱们家大 J，再瞄过漫画中的笕史朗，怎么此刻这两人说的话不约而同呢？

虽说妙趣横生，我还是尽速分配这箱李子用途。为了能在短时间内消化这大量李子，达到最佳使用之目标，我计划拿来腌渍；蘸糖或不蘸，当饭后水果品用；另外可做成蜜糖李子，佐自制乡村面包、饼干，当成早餐。若与茶类调和冲泡，作为午茶点心或宴客小品也很合适。

事不宜迟，马上开工。先制作腌李子。撒下大量的糖、梅粉，平铺在李子身上，再加些盐、醋、米酒，搅拌之后，就可封存，送入冰箱，等待长时间的发酵。腌渍李子可暂歇一旁，于三个月至半年后开封食用。另外再起一锅，用几乎相同的配料，煮起蜜糖李子。

慢火轻挑，热着整个锅子。我候着，边拿着竹篮子装起剩余的部分。近看它们，小巧圆润，裹着青绿色毛茸茸外衣。抓了一把，凑近鼻梁，贴着脸庞。我感受到农妇收割时环绕的幸福感。蜜糖李子完工前，我干脆拿起相机，在镜头下，追寻它的百样姿态。后头，是锅子里飘来饱和糖浆李子的气息，这里，散发着最朴实的味道。酸、甜、淡泊的苦，闭上眼睛，自然的果香将引领你，消失在无限遐想的尽头。

＊蜜糖李子食材照

喔！对了。你问我那几天旅行到底吃了什么？经过一连串的做菜减重计划，现在我可以气定神闲地告诉你。

第一天，到了彰化，羊肉火锅、彰化肉丸、龙骨髓汤。在台中，卤肉饭、弯豆冰、鸡爪冻、鹅肉、竹笋汤、麻油鸡火锅。台北那几天，川菜、上海菜、牛肉面、小笼包。宜兰呢？卜肉、肉羹面、福州馄饨面、麻酱面、香菇肉丸汤、刨冰、罗东与南澳生猛海鲜。回程，我们又到台中吃烧烤。嘉义，绝对要来碗火鸡肉饭！

说着说着，肚子又抗议起来。坦白从宽，还挺怀念这些美食的。

《昨日的美食》

作者／吉永史

译者／王诗怡

出版／尖端出版

蜜糖李子

〔约 30 颗〕

食材

——

○ 750 克（24 盎司）李子

○ 500CC（ml）水

○ 600 克（20 盎司）红冰糖

○ 3 小匙梅粉

○ 少许盐

○ 70CC（ml）水果醋

○ 130CC（ml）米酒

○ 50 克（1.6 盎司）蜂蜜

○ 1 颗柠檬挤汁

做法

——

① 将李子洗净，稍微晾干。

② 取一锅子，将李子、水置入，水滚开时，加进红冰糖、梅粉、盐，转小火炖煮。

③ 炖煮期间，须注意搅拌，以免焦锅。

④ 约 2 小时后，倒入水果醋与米酒。续煮 30 分钟～1 小时，见汤汁略为收干，成浓稠状，熄火。

⑤ 温度略降之后，放进蜂蜜与柠檬汁。

⑥ 温度降为常温时，取玻璃容器，瓶口需稍微消毒烤过。将蜜糖李子装入，放进冰箱冷藏即可。

⑦ 蜜糖李子静置一个月后，开封会更好吃。

⑧ 泡乌龙茶、绿茶、红茶等或当果酱涂在面包上，皆爽口宜人（若制作果酱，可将李子轻轻掐碎，便能轻易取出果仁）。

※ 蜜糖李子的外皮在煮好后会自行剥落，所以无须事先去皮。

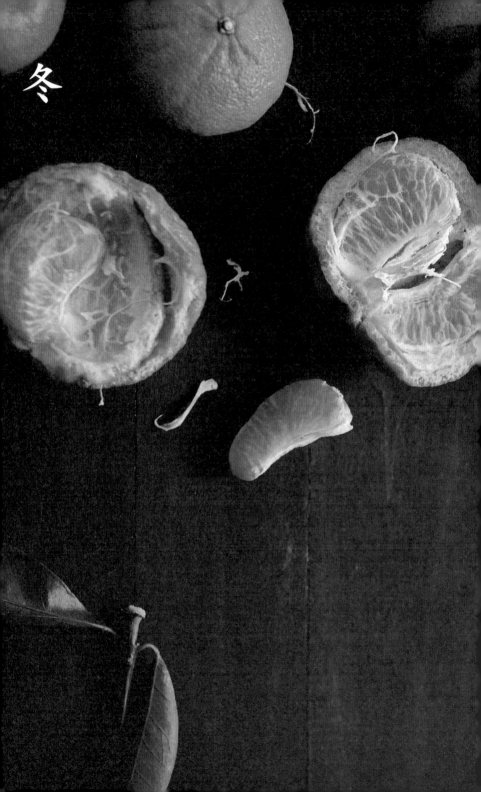

冬

蕙瑜，

新英格兰的严冬，让人又爱又恨。窗外不停歇的白，纷飞的大雪、袅袅升起的囱烟，宁静中有独享的慵懒。室内持续的暖，火力蓬勃的烤箱、气势凌人的抽油烟机，热闹中不失惬意。此刻，黑糖蜜香正在书房与厨房间飘游。我从小说《厨房屋》作者的简易黑糖蜜蛋糕得到灵感，烘款黑糖蜜优格蛋糕和两盘姜饼。冬天，体重直线上升。

表姐，

甫从美浓的农场庆归回，旅程攀上安东尼之《名厨吃四方》的顶峰，为那完美的一餐所陶醉。浑身的泥泞，疲惫的身躯。在洗涤白玉萝卜，与伯尔顿的经典大菜中，再次获得振奋。阅读你的来信，忆起数年前拜访你的冬季。你我变身为《大长今》，利刀拾起，快工切片，一起烹煮番茄炒蛋，搅拌香蒜鳀鱼。你说的没错，冬天体重高扬，我亦逃不掉。

双重时间

甜 椒 佐 香 蒜 鳀 鱼 热 蘸 酱

沈 倩 如

意大利美食印象是从烤红椒开始的，橄榄油里的晶亮艳红，最美。它不在预定的食旅中，是意外的邂逅，反带来深刻的体会，像初雪后，阳光不经意烫溶出的一抹残红，有回头再望的心跳。

好多年前，初访罗马，飞机清早抵达，办完事抵达下榻饭店已近晚上9点。寒冷阴暗，周围全是陌生，雨檐边垂落，绵绵续续，两盏灯在角落摇晃，微微弱弱，让我有一种被等待回家的感觉。

不顾旅游书中暗巷勿入的警告，先进去再说。原来，饿了整天，心便有了壮士断腕的阳刚。那是间庶民小馆，胖老板一个劲儿地笑，眼睛眯成线，整个人在发亮（可没饿到把他看成烤乳猪啊！）。我们任他搭配前菜，各式各样烤蔬，浸渍橄榄油和香草中。

就是这里的烤甜椒（peperoni arrosto），让从不吃甜椒的我，忘情地舔着嘴角的油渍。自那天起，烤椒始终无法逃离我的视线，即便是藏身于小巷道里的杂货铺。不大清楚自己身上是否有严重的偏执狂，一旦恋上某种食物，便常常吃，直到腻了，才暂休。

几年后，再访意大利，北边的都灵（Turin）。它是皮埃蒙特区（Piedmont）的首府，受地理和历史影响，披着法国风味。那里的烤甜椒多了鱼蒜味，灰暗的香蒜 鱼热蘸酱，不怎么晶亮，犹如暗示着大城的工业色泽。忧郁的氛围、昏沉的视觉、迷离的低调，是北意予我的初步印象，与背景设于都灵的电影《双重时间》（*La Doppia Ora*），颇为吻合。

很难跟你讲这部意大利片的，它是爱情片，也是惊悚片，还有过剩的沉重感。多说点，你就知道是哪回事了；少说点，你又念我不知所云。如果，你能从我这猜出两分，我很可能回你："错了！"但还是先跟你提醒，故事的女主角绝对不是 S.J. 沃森所著《别相信任何人》（*Before I go to Sleep*）里，因脑部受伤，致每天的记忆随着晚上的沉睡而失去的女子。

《双重时间》里的男女主角在集团快速约会场合认识。她从斯洛维尼亚搬到意大利，在饭店担任清洁妇，却不巧遇上住客跳楼。他丧妻后，离开警职，当私人保安，过着数日子的生活。也许，从举止所透露的不确定中看到自己，让两人有了投缘的感觉。约会结束后，他们散步到车旁，时间正是 23 点 23 分，他说，人们会在双重时间许愿，但不灵。两人很快地坠入爱河。他带她到工作的乡间豪宅，不幸遇上抢劫，夺枪中，有人中了枪。第一场戏，不明不白地结束，两人的感情在低鸣。

头部受伤的她参加他的葬礼，牧师望来的眼神，使她困惑。有天，她看到时钟上的双重时间，想起他曾经说过的话，却冷不防地在同时刻，见到他出现在饭店保安监视器上。她疯狂地找他，又在电话里听到他的声音，从远处传来。她最要好的朋友跳楼自杀，可是牧师口中说出的死者名字竟是她的。究竟是怎么了？难道，脑部的创伤让她的记忆失去了秩序，抑或导致现实与幻想难分？目下所有显得犹疑且不

*灰蒙都灵，
阿尔卑斯山脉环绕

＊都灵街楼，国家电影博物馆为幕

可置信，她恐惧得透不过气来。第二场戏，惊心胆跳地停止，她被活埋在荒野的土里。

正当你陷入推理的迷宫，土里的她睁开眼。戏演下去，你跟着她恍然大悟，幻想有可能是真实，真实有可能是伪装，伪装有可能是爱恋。爱情来得太晚、太孤单，因为她明白自己不可靠，自己在说谎。结局有点不应该，因为善恶划分暧昧，没有明确的道德观。不过，片子是意大利黑色电影，不是美国好莱坞的。

双重时间，有些离奇的事情会发生，说不定你会遇到灵魂伴侣，得到不该得到的东西，看到想见却无法见到的人。然而，千万别试图去找它，只需暗暗记得那种神秘，让它成为生命中的幻想时刻。

古怪的事在都灵，从不稀奇，它本身就是个奇幻城市。有传说，

＊双重时间

＊香蒜鳀鱼热蘸酱食材

都灵的地理位置与布拉格和里昂形成白魔三角，与伦敦和旧金山是黑魔三角，天使与撒旦、白黑两道在此对峙。圣杯埋在城里某个地方，耶稣裹尸布在大教堂，法规广场（昔为绞刑场）下有一条通往地狱入口的地道，著名的 16 世纪预言家诺查丹玛斯（Nostradamus）曾居于此处。信不信由你！正派如我，当是没事，可有人偏偏遇上邪。观光客来访，多会好奇地来场奇幻之旅，身历那股抗衡中的正负能量，浏览各角落的神秘象征。丹·布朗（Dan Brown）的《达·芬奇密码》（*The Da Vinci Code*）、《天使与魔鬼》（*Angels & Demons*）根本叹不如。

民以食为天，美食对我的吸引力仍胜于传奇。在都灵的后来几天，灰蒙不再让我有低沉感，葡萄酒、白松露、乳制品、牛轧糖、意式冰淇淋、巧克力、蛋酒酱（zabajone）等在地特产，或浪漫地隐身长廊，或整齐地摆在美食广场 Eataly，让人目不暇给、吃得惊艳。

话说那灰灰的香蒜鳀鱼热蘸酱，正是皮埃蒙特区的地方料理，它有个热腾腾的名字，当地方言是"bagna cauda"，文字上的意思为"热水浴"，源自其吃法。热蘸酱无固定分量食谱，各家有一份秘籍，随口味喜好，调整浓厚或温和。传统派只用蒜头、盐渍鳀鱼和橄榄油，以低温在陶锅调煮。大蒜量依人头算，一人豪爽给一颗。有人将大蒜先在牛奶浸泡或用牛奶煮过，就为了让蒜味少嚣张点，并使肠胃勿过躁；有人摆出北意人爱用奶油的本质，试以之佐出温顺；有人加了地产红酒，用微苦相对；有人坚持传统用核桃油，说是当时北边橄榄油不盛行。唯东加西加、东说西传，无不引来自称正统古早味奉行者的侧目，坚持捍卫大蒜到底。

上菜时，只消将香蒜鳀鱼蘸酱放在当地称为"s'cionfeta"或"fujot"的陶锅里，底下以烛火加热，如同瑞士起司锅，当季蔬菜如洋葱、甜椒、莴苣、朝鲜蓟、马铃薯、大头菜、花椰菜、高丽菜、韭葱、甜菜根、地瓜等等，有生有熟，放入锅中搅动蘸食，宛如帮蔬菜洗热水澡。不是前菜，不是沙拉，它是大伙围着吃的一顿餐食，再来杯地产 Barbera 红酒相伴，实着热闹。

住在米兰的意大利友人 Francesca 闲聊摄影时，提及香蒜鳀鱼热蘸酱，说它背后其实还有故事的。中世纪时期，课税高使得偷渡盐有利可图，许多跨阿尔卑斯山脉区、往返法国罗纳河区与皮埃蒙特平原做买卖的皮埃蒙特山地居民，兼走私盐。为了躲避关卡检查，他们将盐藏在与利古里亚区（Liguria）交易来的鳀鱼下面，假充盐渍鳀鱼商。待过了关，便低价把鱼卖给附近农家，盐渍鳀鱼因之成了当地家常食物。香蒜鳀鱼热蘸酱因这些交易而生，且在彼时被广泛用来庆祝葡萄酒园工作告一段落或葡萄酒开桶，吃法还算简单，仅以面包蘸食。

既是中世纪流传，故事自有两三则，也有人说是中世纪法国酒商在交易路上，将热蘸酱自普罗旺斯引入。依 Francesca 所云，北意料理向来少用橄榄油和大蒜，香蒜鳀鱼热蘸酱与普罗旺斯有交情，是少数例外。果真，不用则已，一用大胆，连吸血鬼都避之唯恐不及。

　　　　　　　　＊新鲜红甜椒

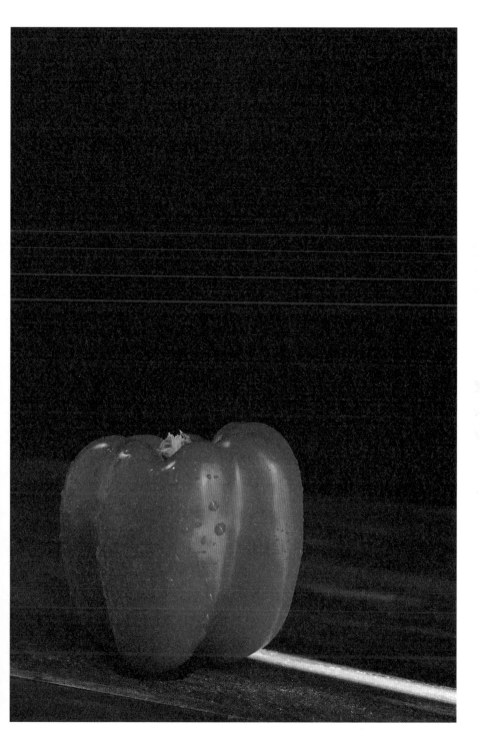

大蒜味如斯浓厚，有些人认为此帖蘸酱是上不了台面的穷人料理，更何况当地农产富饶，哪轮得到这等素材？直到 20 世纪上半期，情况才有改观，慢慢地出现在餐馆菜单，还成了圣诞节佳肴。住都灵的 Melissa 加入对谈，说在她家，会等锅里的酱汁所剩不多时，打颗蛋进去，蛋白煮到差不多熟了，便盛起单吃，或再拿来当面包和意式玉米饼（polenta）蘸酱。蛋黄与香蒜鳀鱼双重酱汁，美味加倍。换了我，亚洲白饭和面条可依样画葫芦，蘸净锅底，方能释怀。

家里虽没有烛火加热陶锅，别担心，另有一盘在地料理正等着你。先把新鲜甜椒直剖，去梗、去籽，切面朝下，摆在烤盘上，送进烤箱烧烤；皮焦后，用铝纸将烤盘包住，热气闷它个 20 分钟，待温度降了，去皮自然轻松了。家有瓦斯炉的，甜椒直接放在炉火上烤，留意别让表皮过焦，肉变得焦黑即可。居家菜讲究体态便扫了兴，你就尽管大大方方地把去皮后的烤甜椒撕粗条，放在餐盘上，浇淋香蒜鳀鱼热蘸酱，或淋酱后再入烤箱热几分钟。几个动作下来，便成就了一盘可以堂堂登场的甜椒佐香蒜鳀鱼酱（peperoni con bagna cauda）。

没有大不了的食材来撑腰，香蒜鳀鱼热蘸酱仅赖寻常来发挥。蒜头要如何处理才够味，盐渍鳀鱼得搅碎到何种状态，橄榄油怎么将两者结合，端看你的味觉与嗅觉。经高温烧烤的甜椒，肉质的甘甜被深化了，口感如丝般柔顺，还带点烟熏味。闲情蘸着酱汁的甜椒，入口碰着舌尖，浓郁的鲜味涌来，先是咸咸的带点刺激，一口咬下，清甜渐渐上来，有了点安抚。当然，一手吃甜椒，另一手可别闲着。拿块面包在下边，接着甜椒滴下的酱汁，极好的搭配，比大蒜面包还迷人，保证让你那脸馋相又加了撇掩不住的得意满足。

吃重口味的食物是件很孤单的事，若跟亲爱的人同吃，却有种亲昵的感觉。当你闻到他的蒜鱼味，他闻到你的，算打平了。要不，你可以跟他说："容不容得下我的蒜鱼味是你的气度；能不能让你容下我的蒜鱼味，是我的本事。"大抵如此，蔬菜佐香蒜鳀鱼热蘸酱是秋冬佳肴，是亲友团聚的好菜，简单不过的质朴心意，越多人、越享受。电影《双重时间》里，相见恨晚的两人，有了色彩缤纷的蔬菜来点缀，有了味道鲜郁的香蒜鳀鱼酱来相佐，理当不至于那么孤独黑暗。

La Doppia Ora

导演／吉塞佩·卡波通蒂

Giuseppe Capotondi

主演／克塞妮娅·拉帕波特

Kseniya Rappoport

费立波·提米

Filippo Timi

甜椒佐香蒜鳀鱼热蘸酱

〔4 人份〕

食材

○ 1 把核桃仁
○ 4 颗甜椒
○ 4 整颗大蒜（去皮、去绿心）切薄片
○ 12 条盐渍鳀鱼（一盒盐渍鳀鱼罐头）
○ ½ 杯橄榄油
○ 适量巴西利（欧芹）切碎末

做法

① 核桃仁入干锅，以中小火炒热，出味即可盛出，勿炒焦；待凉后，用手剥成小块。

② 甜椒直切半，去梗、去籽；切面朝下，置烤盘，入烤箱后，以上火烤约 20 分钟；取出，盖上铝纸闷 20 分钟；去皮、撕成粗条，置盘备用。

③ ¼ 杯橄榄油在小锅中加热（陶锅尤佳），入蒜片，最小火慢煮至软熟几成蒜泥，勿焦化，油亦不可滚腾，再入盐渍鳀鱼和 ¼ 杯橄榄油，续煮成酱，其间拌搅数次，即成。

④ 将核桃仁和巴西利末淋洒在烤甜椒上，舀几匙热蘸酱拌食，佐以面包。

名厨吃四方

酱 烤 猪 肉

杨 蕙 瑜

冬
之
二

打开这本旅游美食书时，有些纳闷，怎么一张照片也找不着？但，读下来，文字铺陈，却似观赏旅游生活频道（TLC）的《勇闯天涯》，甚至比之精彩。安东尼·伯尔顿（Anthony Bourdain）仿佛有支神奇画笔，将所有的内容绘制成一幅幅图画，其中，更勾勒出各地美食的丰富线条与渐进色彩。

也许这正是画面与文字的不同。当我们观赏节目，30分钟能将所有美景收于眼里，但难免走马看花。虽说此书只有文章，读者们反倒须用心于字里行间表达之意。有时，读着读着，不知不觉掉入书中世界，成了伯尔顿的随团人员，跟着大家一起上山下海，深入黑暗之心。旅程中，处处按"赞"，倒也明白拍摄过程带来的冗长无奈与惊恐须臾，或期待，或担忧，或喜怒哀乐，或酸甜苦辣。

几年前播出的《伯尔顿不设限》（*Anthony Bourdain: No Reservations*），乃长久以来我经常收看的节目。姑且不论节目品质及伯尔顿的名气，当初收看时，压根不认识这号人物。只感觉主持人的风格及与其他美食旅游频道大相径庭。多了些实际与坦诚，犀利与批评；少了份修饰与美感，厚道与赞美。诚然我清楚，此等设计极有可能为精心安排，使观众看来贴近现实面，好似不再受骗。但又如何呢？毕竟现在美食节目一面倒的声音已不胜枚举，能够中肯不讳言地说句公道话的，确实少之又少。

在图书馆，我阅读起伯尔顿的其他著作。一本紧接着一本，难以理解的文化差异在我里面发酵。某些书籍揭露了饮食业、餐饮界执业的黑暗面。虽有些耸动，却极富真实性。另有些文章，说明当今大众饮食文化的弊病与不光彩的一面。尽管如此，难道非得用粗犷的字句来呈现吗？即使认同他的理念，可是心中顿时涌上诸多疑问。沉淀过后，大脑逐渐条理化，或许是自己早已习惯包装过的撰著内容，对于伯尔顿，他应该是想颠覆传统的框架，意图将心中浓烈的思想，原汁原味地以笔墨完整记录下来吧。

庆幸的是，《名厨吃四方》（编注：*A Cook's Tour: In Search of the Perfect Meal*，大陆翻译为《厨师之旅：寻觅世上最完美的饮食》）的笔锋还算节制。没到得用鄙视尖锐言语来诉述他不满情绪的地步。否则平庸如我，只能赠与"无福消受"四字。然而，"不设限的伯尔顿"就是不设限，书中针对男性主义的宿醉、酒吐、烟草以及豪情万千的种种内容，依旧可觅。

寻找"完美的一餐"为此书之中心使命。伯尔顿离开纽约熟悉的工作岗位，在小有名气之后，跨足电视圈。以制作节目的规划下，到世界各地旅游，将各国上等的料理介绍给观众朋友。

就这样，他自葡萄牙籍老东家的家乡起程，参观流传几世纪的杀猪仪式。从猪头到猪尾巴，连同猪血与内脏一并出场。

童年的海滩、父亲的故乡，法国拉戴斯特的老家摆在第二章。品尝幼年的好味道——一袋丹麦葡萄干面包、深棕色鲜鱼汤、香葱煎牛

＊德国杜塞道夫鲜肉摊

排与法国生蚝。虽叙述许多法式餐点，却远不及写到父亲的篇幅。原来呀，沙滩虽风华不减、老店虽顾客盘旋，却独独少了父亲的味道。

西贡（今胡志明市），是他的最爱。狂热到想要在此定居。他不时想象自己是格林之《文静的美国人》（The Quiet American），恋上穿着白色奥黛（越南传统服装 Ao Dai）、顶着锥形斗笠的越南美女，吃着道地有名的河粉。尔后，数篇——巴斯克的惊喜、到俄罗斯喝上一杯伏特加、撒哈拉沙漠伊斯兰教圣地的盛宴、东京的经典怀石料理，以至连战火蔓延的柬埔寨拜林、墨西哥专出厨师之乡，站站均有他令人咋舌的私密情报。

稍微歇笔一下吧！我自忖着。突然惊觉不能再落笔，不然，只会引来肚腹咕噜咕噜的嘈杂声。那饥肠辘辘的蠢样，恐怕会洋相百出。若没处理好，还会在晚餐吃下过多的分量，从此被淑女圈拒于门外的事小，留下"大胃王"的名声可是难以磨灭之痛。

对于葡萄牙人的食猪文化，台湾人可说是不落人后。从猪头皮、猪肉、排骨、猪脚、尾巴到舌头；猪大骨、猪耳朵、猪皮甚至猪脑、内脏、猪血，一点一滴完全皆可拿来料理。猪对人们的贡献，可说是淋漓尽致。这点与葡萄牙人是英雄所见略同。

根据统计资料，台湾每人每年吃下 1/3 头猪，合约 35 公斤猪肉。整年下来，全体台湾人就吃下约 760 万头猪。数字之庞大，令人讶异。中学时，家住客家村附近。每逢农历中元时节，义民庙赛神猪的活动

＊德国四处可见之啤酒文化

好不热闹，人们会挑选最大的猪公来祭祀。这是台湾目前保留相当完整的民俗活动。然而，那几年，每当我放学行经义民庙，看见一只只神猪摊在架上，身上装满了吊饰，心中总抹上浓浓的忧伤。

我不是素食主义者，看见这些屠宰动物的镜头，却有着触目惊心的感受。记得有年夏季到德国慕尼黑，抵达时已是午后。在火车站附近公园，远远地看见人潮，挨近瞧瞧，"哇！"真是震撼，我竟一旁发愣，动也不动。因为藏在大树后的是鼎鼎有名的啤酒花园，还沸沸扬扬的。几个流动性餐馆包办了整个花园的美食料理，高大壮硕的日耳曼人几乎已坐满所有的餐桌，望眼而去，无止境的金发映入眼帘。你能错过这样的场合吗？当然不！于是我们立即走入花园，不久，服务人员便熟练地带我们穿越其中，啤酒干杯的声音贯穿全场，德意志的豪迈在此完全解放。坐定，点了份德国猪脚及法兰克福肠佐德式酸菜。猪脚烤得外酥内脆，酸菜腌制得恰到好处。黑麦啤酒一杯杯紧接着端上，整个花园狂笑声不断，刀叉与餐盘碰撞的声音叮叮当当贯穿全场，我们高喊"Cheers！"庆祝这难得的偶然。如果说德国人有先天的优越性，在我看，当时是放下的，就在美食与啤酒之前。

在伯尔顿与他人合著的《把纽约名厨带回家》(*Anthony Bourdain's Les Halles Cookbook*)，我读了几回，曾折腾无数时日的脑力，挑战过西南法砂锅 (cassoulet) 这道经典大菜。食谱中先做个油封鸭，再与白豆、五花猪肉、猪皮、洋葱、香肠、盐、胡椒、鸭油、香草束与大蒜

＊台湾传统市场里的肉贩

271

结合。这回，因着葡萄牙猪的启示，结合书中小牛舌佐马德拉酱汁（veal tongue with madeira）的做法，恰好运用于我的"酱烤猪肉"料理。

猪肉在台湾做法千变万化，煎煮炒炸，没一样难得倒，怎么做都好吃。伯尔顿用高汤、香草将小牛舌炖烂，佐马德拉酒制成的酱汁。我则计划取猪舌边肉与腱肉，腌制而后烘烤。猪腱肉，或卤或川烫，皆宜。而猪舌头普遍见的料理就属猪舌冬粉。将其烫熟，去了外皮，切成薄片。与高汤、姜丝、冬菜一起快煮，是典型的台湾佳肴。

到市场采购猪肉时，还是老话好用，货比三家。采购腱肉时，多半不成问题。只稍表明你的来意，肉贩很快便能提供好的腱肉。挑选猪舌时，得多些注意，若连同两旁的舌边肉整付销售，价格较五花肉便宜不少。若只购买舌边肉，价格得高出整付三成左右。故此，我常将整付猪舌带回家。舌部位可切片佐冬粉当主食，边肉或卤、或烤。其滋味好是迷人——深色、柔软，且带点筋，还具有其他部位没有的特殊香气。

两天前刚做完东坡肉，卤汁还镇在冰箱。此款卤汁是以蒜头、姜、洋葱、青葱、米酒、冰糖、酱油与橘皮酱汁调制而成。妈妈们每每交代需将卤汁冷冻，随时做二度使用——拌饭、做干面、烫青菜或续卤其他肉品。此回，我拿来当腌酱。只要将舌边肉与腱肉放置卤汁中腌制一天，隔天送进烤箱，再加点配菜，就是道晚餐主秀了。

料理，其实不难，只要从心出发。熟能生巧，就算没有边看食谱边做菜，也能创意发挥。"心诀"的窍门为融合自己的想法，升华成个人的力量，将你的生命气息投射进作品里，把它当做一幅画，你的全人与烤箱、炉火、刀工与食材合而为一，正如画家与画笔、颜料、画布的完全交融。有此心诀，加上对家人的爱，纵然我们不是大师，相信依旧能做出一道道令人激赏、感动万分的美馔。

烤箱的时间到了。安东尼·伯尔顿为"完美的一餐"继续走访下个国度。但此刻，我的眼前正出炉芳香四溢的"酱烤猪肉"。对我，它是完美无比的。之所以如此认定，并无其他特殊理由，只因这是自己做的料理。因为我喜欢"它"，认真完成"它"，"它"便晋身成为一道完美佳肴。想必然地，我更期待与家人朋友分享。

完美，说来不远，有时它正在你身边。

《名厨吃四方》

A Cook's Tour: In Search of the Perfect Meal

作者／安东尼·伯尔顿

Anthony Bourdain

译者／林静华

出版／台湾商务印书馆

酱烤猪肉

〔2～4 人份〕

食材

———

○ 2 颗舌边肉（每颗约 250 克 / 8 盎司）

○ 2 颗腱肉（每颗约 250 克 / 8 盎司）

○ 300 克（10 盎司）卤汁

○ 30 克（1 盎司）高粱酒

○ 适量干迷迭香

○ ½ 颗蒜头（不脱皮）

○ 适量猪油

○ 2 颗小型彩椒切丝

○ 2 把青葱切段

○ 少许黑胡椒

做法

———

① 将舌边肉与腱肉放入卤汁中，加入高粱酒、干迷迭香，冰箱静置一天。

② 其中数次翻面，使之均匀腌制。

③ 隔日。起油锅，将腌好的猪肉两面煎至金黄。

④ 烤箱以摄氏 200 度（华氏 400 度）预热 5 分钟，将煎好的猪肉连同蒜头放进烤锅，倒入少许猪油。转摄氏 180 度（华氏 360 度），烤约 20 分钟。烤好过 5 分钟，再自烤锅取出，将猪肉翻面。置入彩椒（或称钟形椒），续以同样的温度烤约 15 分钟。

⑤ 时间到，静待 10 分钟。再度取出，以筷子插入猪肉，若轻易插入，代表软熟。若不易插入，再烤 5 ～ 10 分钟。

⑥ 烤完后，加入青葱。青葱以余热来搅拌，保其青翠。上桌前切片，撒下黑胡椒，将锅内残余酱汁淋上，使其湿润。完工。

用餐时，请准备刀叉。点支浪漫情怀的蜡烛，挑瓶上等好酒，来吧，别客气。烛光晚餐开动。

大长今

辣味鲜蔬什锦

杨蕙瑜

冬

之三

有段时间，满脑子都是医女长今，与其担任内人期间所做的料理。说到她性格上的不屈不挠，坦言之，实在难以置信。尤其是被贬为济州监营的官婢后，还冒着可能成为药房妓生的风险返回宫阙。而义无反顾守候长今的内禁尉从事官闵政皓，文武双全、侠骨傲气，浑身上下散发着不可思议的气质——为了长今东奔西走，还勇敢到顶着乌纱帽跟皇帝抢爱人！

不过，请诸位大长今迷少安毋躁，且听我说。戏剧本身本来便与真实人生反差，若硬是吹毛求疵，恐怕只会无法享受情节中死里逃生、爱恨两极带来的快感。故此吾等决定要抛开成见，好好体会韩剧《大长今》播出以来横扫亚洲甚至欧美的故事与魅力。

根据朝鲜王朝的历史记载，长今真有其人，属于中宗朝代。被封为"大"，可见当时她备受尊荣，极获在位者信任。在改编后的情节里，讲述她传奇一生，并深受三位皇帝宫廷斗争之影响。从朝鲜著名的"燕山君"暴政为始，她的父母首当其害，长今因而成为孤儿，并立志报仇雪恨。及至优柔寡断的"中宗"，身边大臣各自角力，虽欲匡正前朝留下恶习，但毕竟积习已久，成效不彰。以医女制度来说，即使中宗斥责，仍有士族私下要求医女担任官妓的工作。怪不得对长今而言，此乃医女生涯之一大挑战。不过，中宗对她之好，也从她日后被拔擢成为史上首位女御医中可窥一斑。到了"明宗"，则让原本流亡的长今一家人，再度踏入宫里，即使她们已不恋栈其位。

以此看来，长今命运的确多舛。这就难怪了，谁叫她处于钩心斗角的官场文化及男尊女卑的宿命中。当然，此亦牵扯到她的为人，除了想找出陷害母亲的幕后主使者，尚有宁死坚持自己料理风格及行医理念的生命态度。于是宫中诡谲云起，一场阴谋厮杀动乱，配合每场上的御膳，以至尔后的诊脉治疗，这位热心又冒失的长今与设下圈套的崔尚宫一帮人，弄得朝廷人仰马翻。长今终究屡屡惹祸上身，行经死荫幽谷，最后总能幸运在逆境中翻转，让白马王子政皓有英雄救美或潸然泪下的机会。高潮迭起的故事，纠结人心，常叫人暗自希望，长今啊长今，何不干脆放下自我，跃上马儿，与政皓快马加鞭，扬长而去呢？哪怕是亡命天涯呀！更何况每回祸患当头，偏巧都选在寒风凌厉、茫茫大雪纷飞中。风雪之大，覆盖了所有天人交战的情感，叫做戏者与看戏的人一起抱头痛哭。

至于我，最热衷的还是纠葛与情爱之外。水刺间、退膳房的锅碗瓢盆、蛋肉鱼菜，这下全倾巢而出。除了能认识朝鲜皇宰料理，也见识到各样食材的正确用法，相斥、相吸之物理变化，与整个烹煮或备料的准确过程。

哎呀！糟了，我得先喊卡，有味道传来，我的菜好像要烧焦了！请等一下，我得赶紧去瞧瞧。（几分钟后）还好，只是虚惊一场，及时赶到，未种下火苗。不过，高汤应快炖好了，咱们再继续聊吧！

说到那长今，自成为实习小宫女的生角侍开始，一直到被逐出宫

＊韩国民俗表演，摄于韩国首尔

殿，这段时间，剧情顺势置入不计其数的当地精彩佳肴。其中有将糯米碾碎，加入牛奶熬煮的"骆驼粥"；莲藕切块，与淀粉水做的"莲藕凝泥"，即莲藕粥。生姜汁加蜂蜜、淀粉水，煮完放凉，凝固后蘸上松子粉的"姜果茶食"；御膳竞赛中，采菘菜取代面粉的"馒头饺子"，此菘菜正是大白菜，或称结球白菜。而饺子则是菜卷。另有用山泉水、梨汁，加上肉汤制成的"冷面"，是韩国特有的面食之一，食用时会有冰块助阵。还有花食文化中，各类食用花的料理方法，最常见的便是韩尚宫做的"金针花菜"。

此外，长今因以身试验肉豆蔻油与人参，失去味觉，韩尚宫以手感代替舌头尝味训练的"炖大蚌"，是以松子粉做酱，加入虾汁而成。创意比赛中夺冠的"竹筒饭"、"鲸肉串烧"，以及长今因骄傲落败的"大骨汤"；在地底下酿了二十年头的甘甜醋，调和蒜汁做成的"海鲜冷盘"。再加上以荷叶包裹蒸烤的"叫花鸡"，与装在小石锅内的"海鲜锅饭"等，朝鲜皇室膳食——耀眼登场。

韩式料理从数年前随着韩剧发烧，便在台湾兴起一股热潮。韩国烤肉、石锅拌饭、韭菜煎饼均是上等美味。其中，料理里微甜的辣味，与泰国风偏酸的辣不同，但同样深受诸多嗜辣族青睐。只是台湾的韩式料理为了配合在地口味，辣度明显降低。在韩国，不管何种料理，旁边总会配上辣椒或辣泡菜，而且辣度调制也高于台湾。俨然辣已成为他们生活的一部分。

说及食辣，我和先生大J本热衷品辣，自韩国仁川旅行归回后，更是钟爱。大J对辣之狂恋，还有段趣事。记得某次在间牛肉面店，挑战大辣加三级。据店家老板说，由于采用四川天椒，开业十余年来，成功者只区区几名。大J听闻心动不已，马上来碗试试。结果原本高谈阔论的他，脸色逐渐转为凝重，这使我眉头深锁，感到苗头不对。好胜的他依旧努力食完，并将辣汤一饮而尽。干了！真是好汉啊！只是那时我已眉宇盗汗，忧心忡忡。于是乎，大J当选此店首屈一指的武林盟主，可是那夜他却火烧胃肠、烈火攻心，苦不堪言。我说，夫君啊！您这是练九阳神功，还是何等绝世秘籍？

身为娘子的我，必须临危不乱。当下我暗自决定，果真熬不到天明，我得将刚届满岁的稚子以背带束上，携夫急诊，即使他自言无妨，要夫人勿忧。不过平心而论，要多情女子扮演苦情角色，定是下下策。漫漫长夜，幸好，大J撑过了危险期，看到了隔天的日出。

现在想起，仍心有余悸。自此，大J虽稍有收敛，然而，他对辣椒之热情依旧不减，碗里头也永远有红色点缀。近半年，他更是锋头转向，朝自制辣椒酱迈进，四处找寻辣度高的椒种，并着手种植。计划展开，连夫人老爸都加入阵营，培养朝天椒、灯笼椒、哈瓦那辣椒等。种出成果，翁婿二人还会昭告天下英雄好汉，来个品尝大会，彼此分享心得。

辣椒最早是中南美洲地区产物，台湾辣椒主要来自荷兰人据台时

＊市场上豆干／木耳／菇类

期，培育至今已衍生诸多品种。辣椒除了极具观赏价值，食用时亦可刺激味蕾，并有增强食欲之功效。目前台湾常见的有青绿长形的"伏见甘长辣椒"、红色长形的"羊角辣椒"，这两种大半用于清炒装饰用，辣度较低。而"朝天椒"、"鹰爪辣椒"则已是辣度颇高的种类。另名为"鸡心"的辣椒，短小精悍型，又名小金刚，辣度约为27万SHU（史高维尔指标），是台湾产最辣的椒种。不过，这两年"印度鬼椒"被引进后，数家餐厅开始推出此品种料理。这款辣椒又名"断魂椒"，原产于印度东北之阿萨姆省，本来以为墨西哥地区的辣椒辣度为57万SHU已经超高了，没想到鬼椒在2007年更以104万SHU的辣度一举荣登世界纪录。据报道，过度食用此断魂椒已达危害健康指数，它甚至成为催泪弹的原料。

只是，追求极辣境界的人们，并没有因而停止研发改良。2011年，澳洲推出鲜红色的"蝎子辣椒"，火辣程度无人能及，辣度飙至146

＊自家种的哈瓦那辣椒

万 SHU，凡采收或煮食者皆须穿戴手套面具。正如其名，它是只会喷火的毒蝎，吃者请务必当心，后果自行负责。

在《大长今》中，有幕最高尚官争夺赛。当中对于患有消渴症（即糖尿病）的明朝正使大人所设的国宴，内人们个个是兢兢业业，无一警戒备料。此刻长今端上的餐点，却是清一色的叶菜料理。她赌上了性命（回回如此，不必太过惊讶），理由是，有助于正使大人之身体健康。想当然尔，朝鲜地方由于天候寒冷，青菜类不易种植，于是野菜、香菇、昆布、小鱼干、海带、海蜇皮、豆酱汤、豆腐火锅、泡菜等一一呈现。

青菜原本便属清淡养生，更何况是对吃多了油腻的官人而言。今晚，我便以各式蔬菜、家中自种的朝天椒，配上些许鸡柳，做份"辣味鲜蔬什锦"。厨房里的高汤已完工，着手进行前，所需的是选只好菜刀。宝刀上手，此时我为厨房至尊，大长今在此，谁与争锋。二话不说，待我将所有的食材切切切切切，再剁剁剁剁剁。

这道菜，做法简易，但切工耗时，辣味强弱完全随个人口味，不食辣者可以羊角辣椒装饰即可。而对喜爱辣椒的同好来说，各种香气铺陈于辣味之上，肯定是独一无二的好味道。不过请切记，处理大量辣椒时，请带手套；千万别碰到眼鼻口，不然……请听亲身体验者的分享："咳！只能说，得用眼泪来换！呜呜……"

食辣当晚，夜里既没绞痛，更无火攻。我再次收看了《大长今》的重播，执拗的长今，在接二连三的苦难中找寻自己的位置，她不畏强权，也从未妥协。这等侠义之心，是货真价实的正道。我想起造访韩国的那个冬天，在冻到几近天昏地暗之时，走进当地某间人潮拥挤的小餐馆。当鲜艳的辣汤端上，那滚热的蒸汽、打从心底一涌而上的温暖，大概就像在节庆里听到朝鲜鼓咚咚响声般，让人快乐地想扭动身躯，转圈舞上几段。这些日子，寒流笼罩，阳光被厚重的云朵遮掩，人们跟着流行，皮草马靴纷纷出笼，街头满是时尚。但我不赶流行。阴冷天气，我并不打算上哪儿去。走向厨房，想象自己是退缮间的大长今，认真思考着。下回，我到底该上哪道菜？

《大长今》

导演／李炳勋

主演／李英爱／池珍熙

辣味鲜蔬什锦

〔2～4 人份〕

食材

○ 1 颗蒜头切末

○ ½ 颗洋葱切丝

○ 50 克（1.6 盎司）鸡柳（以盐
  与米酒稍微浸渍）

○ 2 瓣杏鲍菇（可以蘑菇或秀珍
  菇代替）切丝

○ 3 颗小番茄切丝

○ 1 瓣木耳切丝

○ 1 把海带丝

○ ¼ 颗榨菜泡水后切丝

○ 50 ～ 100cc(ml) 鸡骨高汤（喜
  湿润者可多放）

○ 4 根朝天椒切末

○ 少许九层塔切末

○ 2 株青葱切成 4～5 厘米段

○ 3 株韭菜切成 4～5 厘米段

○ 少许黑胡椒

○ 适量辣油／香油

○ 适量芝麻

（分量多寡得依各家偏好调整）

做法

① 起油锅，将蒜头与洋葱爆香，呈金黄色。

② 卜鸡柳，炒炒捞起备用。

③ 放入杏鲍菇、番茄丝、木耳、海带丝、榨菜，
  中火炒匀。

④ 倒入些许高汤，翻炒，转小火，加盖（喜
  辣者可于此时先行放入辣椒一起炒，将辣度以慢
  火逼出。反之，不吃辣者，需越晚放置）。

⑤ 焖煮 5 分钟后，倒进剩余高汤，兜炒几圈。
  不喜湿润者可稍微收干。续放辣椒、九层
  塔、青葱与韭菜，以配合食材，转中火快炒，
  熄火。加入鸡柳利用余温再拌炒几回。

⑥ 拌上少许辣油与香油，撒上些许黑胡椒与
  芝麻，使之均匀。

今晚换你做大长今，陪你的闵政皓一起用
膳吧！

明日的记忆

红茄洋葱炒蛋

杨 蕙 瑜

一只在黑暗中冒着蒸汽的陶杯，上头刻着"枝实子"的名字。

10 月，听见某位台湾歌手发表的一首新歌。曲风掺杂些小调。在歌词第一段："但天啊我不记得你"，有着高亢激昂的唱腔，听来声情并茂、荡气回肠。到了第二段："我问你，我问你是谁"，之后则是屏息安静，接着一组欲言又止的和弦。

12 月，观看改编自荻原浩同名小说的《明日的记忆》(*明日の記憶*)。心头的思绪因众多的冲击而归于静置。一个大型广告企业的部长，拼命三郎的工作态度，是长官、部属及客户信任的人。然而，当阿兹海默的病症开始，"遗忘"逐渐啃食了一切。

忘了工作上的会议，忘了日常走过的路，忘了熟识人的长相。与疾病的追逐赛跑，几乎要耗掉与妻子的所有爱情。年轻时的陶土课程，如今重新追溯。日本演员渡边谦演来出神入化，在《最后的武士》(*The Last Samurai*) 等好莱坞电影里不难见到他的纯青演技。而他于此片所饰演的男主角"佐伯雅行"，却比其他作品更让人印象深刻。

举凡有关叙述"病症"的电影或小说，如《潜水钟与蝴蝶》(*The Diving Bell and the Butterfly*)、《一公升的眼泪》(*1 リットルの涙*)、《罗伦佐的油》(*Lorenzo's Oil*) 等几乎都是催人热泪的。这些影片驱使我们走进对抗病魔的世界，情绪难以抚平。或许，结局稍有转机，不过，在整个观看或阅读的过程，情绪始终处在低点，偶尔身边还得放包面纸才行。

《明日的记忆》与这类影片相仿,忠实地记录病患本身之心理过程,并加入发病与恶化始末。其实,阿兹海默症并非肢体衰竭,或有立即性的生命危险;只是,对于至亲之家属,和曾经有过的美好时光,一点一滴地遗忘,甚至不再识得,还有什么比这更残酷、现实的呢?

日本人对于工作的态度,不需我赘述,是众所周知的"敬业"。日本厚生劳动省统计资料显示,65 岁以上的人民,每 10 人便有 1 人罹患失智症。从剧情起始,便演出日本人集体作战,奋力接案,势在必行的武士道精神。其工作姿态只能说令人慑服。当佐伯雅行开始出现忘东忘西,紧张到汗流浃背,甚至被同仁出卖,由业务组长被贬为基层时,整个过程,佐伯从意气风发到失魂落魄,在显示达尔文适者生存的竞争法则在人类社会更显残忍,让人不胜唏嘘。

还好,人间处处有温情。佐伯因病离职,走出公司大门时,过往曾并肩作战的同事们出现了。每人送他一张写有自己名字的照片,还叮咛佐伯:"千万别忘了我喔",刹那间,一切仿佛定格。我看到佐伯的眼睛,是感动、是含蓄,他露出腼腆的笑容,由一名像吞了败仗、毫无振兴希望的士兵,在众人鼓励声中转为坚定,激发成为征战到底、坚毅不忍的武士。

力抗阿兹海默症到底是条漫长之路。养病后的佐伯还是走上失智。女儿的婚礼上,他掉了致词的草稿,慌张中,真心的一席话却赢得大家的掌声。孙女的出生,使他有机会享受短暂的颐养天年。但因收入

*冒着蒸汽的陶杯

短缺，太太枝实子必须工作以负担家计，也造成他心理上的不适。刚开始，他能够去上陶艺课，当病情加重，每天，他只得独自在家，有时还忘了吃饭这回事。他思念因工作晚归的妻子，幻想她不忠。另一方面，也越发无法控制暴躁易怒的脾气，实则为深度沮丧的挫折感。种种这些，全是阿兹海默症的主要及延伸症状。

根据医学资料，阿兹海默症是大脑逐渐退化的一种病。这种病不仅使记忆消退、性格改变、幻想、忧郁躁动、语言表达能力异常，就连生活也难以自理。而对于病患的饮食照料上，地中海食物为其首选。举凡在地中海区盛产的农产品，如豆类、坚果、橄榄、番茄、鱼类、水果等，咸有助于延缓病情。提起这类产品，让我想起最近常吃的番茄料理。番茄富含 GABA（Y- 氨基丁酸），对于阿兹海默症患者，能

＊番茄藤结果累累

给予镇定、舒缓压力、平静情绪的功效，是首选之品。

这个冬天气候不甚稳定，乍暖还寒，昨日还着夏衣，傍晚便即刻变天，刮起北风，今早还得翻出毛衣外套保暖。不过，各季节的农作，照样按时呈现。近两个月的水果市场，举目望去，满江红，全是番茄的世界。依照"农委会"调查，番茄在每年的11月至次年2月盛产，品质最稳定。台湾的番茄种类，常见的有：用以料理之牛番茄、具台湾土味的黑柿子，以及小番茄圣女、娇女、黑珍珠、桃太郎与橙蜜番茄等。而不仅是在各地果园，此刻我家堆肥桶旁的小番茄也正结实累累。这棵番茄树当初并非刻意种植，乃是因之前采购番茄时，我们将瑕疵品筛选出做堆肥，在阳光、雨水的滋润卜，嫩芽便冒出了头。除了番茄，木瓜、香瓜等亦这般进了吾家。

公共电视曾播放过《厨余何处去》这个节目。内容说明目前在台湾，厨余日产量为五千吨。2006年政府全面回收厨余，家家户户需将垃圾做更彻底的分类，将厨余单独丢弃。因产量过高，因而有部分便处理成堆肥。

由于外子的祖父务农，自小他便耳濡目染，对于农务有所涉猎。于是在推行厨余回收，新闻频频报导生病的地球之余，我们便着手堆肥计划。刚开始，我们在花园的通风处设置了数个厨余桶，准备些土壤或木屑、干稻草。接下来，在桶子下方接近底部处打小洞，大小可以塞入木筷或木塞。市面上有售各种款式的厨余桶，桶上皆已有水龙

＊葡萄番茄与梨番茄

＊红茄洋葱炒蛋各类食材

头的设计。不过吾家力行环保，所以便利用数个弃置的大型涵盖塑胶桶进行自制。因处理堆肥过程会产生厨余水，故此每星期需开洞协助水分流出。流出的水分有机浓度极高，可以大量稀释用以灌溉或浇花。

厨余桶完成设置后，即可将厨余放入。但其水分需先沥干，以免过于潮湿造成腐烂而非发酵。每回倒入后，需再放上一层土壤或木屑、干草，而后密封。盖子上方可以大石头压阵，以确保紧密度。一星期后，得拨空去翻覆几次。厨余桶装满时，便进行彻底封盖，闲置一个月。待桶内厨余自行发酵成黝亮黑土，便是取出使用的好时机。

自家长成的番茄，为"百分百有机水果"。平日只需将烹饪残渣留做堆肥，假以时日，种植的花朵，与无心插柳的果树，便会以肥美健壮之姿回馈于你。

花园里的番茄树正发旺，在番茄熟透时，我将之采收，做成各种番茄料理。在意大利菜单中，番茄是必备的食材，其丰富的矿物质，正补足阿兹海默患者所欠缺的元素。而孩提时常吃的"红茄洋葱炒蛋"，此时也同样登上我们家的餐桌，以活化一家人的脑细胞。其他料理如：烤番茄、番茄蛋炒饭、蛋花汤、茄汁意大利面、烩海鲜或古早味酱油番茄切盘等也都轮番上阵。

番茄的种植占地面积不大，很适合在自家阳台培育，只需随时注意厨余桶周边清洁即可。花园通风，有日照，此类上等有机好品便能在爱心中收成。《明日的记忆》里，佐伯吃了对健康有利的地中海蔬菜，但终究不敌病魔。这样说来,平时工作之余,需对身体加以关照,以防患未然,否则一旦病倒,连医师也束手无策。除了蔬果的摄取,适当运动、休闲,调节压力,皆为养身之道。佐伯在49岁的壮年时期便得此病,对他而言,工作、家庭达巅峰状态,发病是意料外之事。当他最后一一告别人生各种角色的岗位,挥离所有的记忆之前,他来到一个长镜头底下的翠绿山谷。这是他与妻子相识相恋之处。他问前去找寻他的枝实子:"小姐,你叫什么名字?""枝实子,好美的名字啊。"佐伯回答着。在他心中,这里始终盘踞着最美好、最不愿忘记的回忆,也是他记忆区的最后终点。

"遗忘是一种好幸福的残忍。"

"阿兹海默,海也沉默。"——摘录自万芳的《阿兹海默》

《明日的记忆》
明日の記憶
导演／堤幸彦
主演／渡边谦

红茄洋葱炒蛋

〔2～4 人份〕

食材

———

○ 2 颗生鸡蛋打成蛋液

○ ½ 颗蒜头切末

○ ½ 颗洋葱切丝

○ 15 颗小番茄对半切

○ 数滴米酒

○ 少许番茄酱（增色用，或者不
用也行）

○ 2 株青葱切段

做法

———

① 起油锅，下蒜头爆香。

② 放入洋葱，继续爆香。

③ 洋葱稍成透明，加入番茄，搅拌快炒。

④ 转小火，放入搅拌好的蛋液。稍微煎成金黄。
之后翻面，继续煎另一面。蛋皮破掉没关系，
不必煎到金熟，约半熟即可，煎过的蛋会
散发微微的香气。

⑤ 倒些米酒、番茄酱与水，翻炒后，盖锅盖
焖煮。

⑥ 约 5 分钟后，掀盖续炒，再盖上锅盖。反
复此动作，直到番茄熟透。

⑦ 起锅前加入葱段，拌炒后即可盛盘上桌。

厨房屋

冬
之
五

黑 糖 蜜 优 格 蛋 糕

沈 倩 如

这个冬季不是太冷。但在家仍习惯脚上套双厚毛袜，踩在地板上很轻软的，而最好的姿势便是窝在沙发上，观看录存的影集，点阅电子书。桌上得有几片糖蜜味十足的姜饼、一杯温苹果汁。便是最舒服的冬日。

今天读的是《厨房屋》(*The Kitchen House*)，凯萨琳·葛瑞森(Kathleen Grissom)的首部小说。新人作品对我有莫大的吸引力，他们的文字没有过多的修饰，有未加工的质朴充沛。遇见这样的一本书，像是认识一位新朋友，不知道他的风格，无旧作可较，一切从第一页开始，予人崭新的感觉。

《厨房屋》讲的是白人女孩在黑奴家庭成长的故事。作者在前言以紧凑的笔触，引领读者跟着白人妈妈和小女孩不断追跑，不清楚是救人或逃命。接下来，随着小女孩妈妈的口述，时光倒转19年，缓缓滑入18世纪的美国弗吉尼亚州。

讲黑白种族冲突的故事并不新，然而，这本小说里的两位主人公皆是奴仆。蓓儿是庄园男主人派克船长与女黑奴的私生女，虽是混血，照样被套上黑奴枷锁，一辈子等的是主人授予的自由纸。拉薇妮雅的父母亲是爱尔兰白人，他们乘船移民美国，未抵达目的地便在船上身亡。在无法支付船费情况下，拉薇妮雅和弟弟成了船长的契约仆人，她被带回船长在弗吉尼亚州的烟草庄园，弟弟被卖给别人家。满18岁那天，拉薇妮雅可获自由身，之后还能拥有公民权且可嫁入富贵豪门。

7岁的拉薇妮雅入园后，与较年长的蓓儿同住厨房，有黑奴妈妈无私的照料，大人世界里的纷争、园里的秘密，黑奴家人帮她挡着。随年纪的增长，拉薇妮雅的工作移至庄园主人家，白仆与黑奴间的关系自此区隔。女主人玛莎对拉薇妮雅日益依赖，将对妹妹与早逝幼女的疼爱寄予她身上，教她读书。尔后，玛莎因病入院，随从的拉薇妮雅被安排住到附近的玛莎的姐姐家，接受进一步的教育。在那里，玛莎的儿子马歇对她产生兴趣，然其个性忽冷忽热，行为诡异到让人有莫名的不祥感，似乎不幸将从此伴随。

　　数年后，返回暌违数载的庄园，拉薇妮雅身份已大不同，她对黑奴家人的爱，成了彼此危险的负担。双方的距离在一回又一回的进退之间踌躇，从小熟悉的避风港再无力守护，那些摧毁及改变众人命运的秘密步步被揭露。随着故事进展，惊慌、恐惧、勇敢、坚决……所有赤裸人性将故事推向高潮，小说再度回到前言开场——白人妈妈与小女孩急切奔走。

　　这本书说的是两个家庭的故事——庄园主人和黑奴，以拉薇妮雅为主线，蓓儿为副线，轮流铺陈。读者从她们的地位、角度和个性观看周遭悲喜。作者同时让读者去思考"奴仆"和"主人"的意义。庄园主人即便是自由身，却因心灵背负家庭包袱，过着囚禁般的生活。至于拉薇妮雅，幼年时的仆人身份在成年后转换，时刻与矛盾共处，更是不堪。

　　阅读此书，仿若走进时光隧道，循着文字，踏上拉薇妮雅的成长

＊黑糖蜜优格蛋糕、姜饼、苹果汁

旅程，跟她走入庄园里外，聆听惟妙惟肖的地方对白。以拉薇妮雅进入庄园的第一个住处为书名，再切实不过了。厨房是她的成长所在，是"窝"与"爱"的象征，讽刺的是，在肤色冲突下，日后竟也演变为她的伤心地。

蛋糕是厨房的灵魂，是拉薇妮雅的慰藉食物，是蓓儿的秘密武器。哄小孩、参加派对，甚至色诱坏人，蛋糕一概派上场。难怪作者经不得诱，边写故事，边找寻蓓儿爱烤的传统黑糖蜜蛋糕做法，并与女儿共同设计了一帖食谱。

根据韦芙莉（Waverly Root）和理查德（Richard De Rochement）合著的《食在美国》（*Eating in America*），蔗糖白西印度群岛进入殖民地（坝美国东北部），有很长一段时间价格颇为昂贵，于是，只得以其廉价的副产品——黑糖蜜取代，而黑糖蜜取之充裕，顺势造就了新

＊18世纪奴仆睡铺

英格兰莱姆酒业。早期地方传统饮食善用黑糖蜜，如烤豆、黑麦面包、姜饼、印第安布丁、Anadama 面包、炖菜、玉米面包等等，食盐腌肉或麦粥也会拌佐些。今非昔比，黑糖蜜如今身价高于细糖，现代厨房少看到它了，大概一年做个几回的姜饼和黑麦面包才用得到，几本以新英格兰或南方传统食谱为号召的料理书亦可发现踪迹。

黑糖蜜是甘蔗茎部榨取的汁液，经煮沸而成之浓缩浆汁，颜色黑亮，稠密度与蜂蜜相似。市面所售的黑糖蜜有淡（light）、中（dark）、深（blackstrap）三种，熬煮时间越久，黑糖味道、稠度、色泽越深，甜度则越减，深黑糖蜜甚至微苦。以往黑糖蜜有硫化和非硫化之分，硫化无非是为了杀菌保存，但现已少见，多强调有机制程。

相较于在精炼过程中营养丧失的精制糖，黑糖蜜含有益身体的矿物质，被视为较健康的糖。有趣的是，以黑糖蜜、水、醋和姜调成的饮品，还是美国殖民时期的活力饮料，农民喝了大概就能精神百倍。日前走访美国首任总统乔治·华盛顿的故居，馆中文献描述华盛顿临终前的日子。当中提到，医师将黑糖蜜与醋和奶油混合，让华盛顿舒缓喉疼。不仅于此，华盛顿甚至还用黑糖蜜，在自家酿起小啤酒来了。看来，黑糖蜜真是百用食材啊。

记得几年前在西班牙美食旅游节目《西班牙美食上路》（*Spain-on the Road Again*），看过美国影星格温妮斯·帕特洛（Gwyneth paltrow）和名厨马利欧·巴塔利（Mario Batali），于西班牙厨艺大师费兰·阿

＊18 世纪厨房炉灶

德里亚（Ferran Adria）兄弟开的餐馆，喜滋滋地大啖凤梨佐黑糖蜜和莱姆屑。看得诱人，隔天上市场便带了颗凤梨回家，将之削皮、切块，淋上黑糖蜜，撒些莱姆屑，完全不费工夫。多汁的凤梨裹着稠稠的黑糖蜜，两种口感在嘴里交织，舌头成了在果汁中搅拌糖蜜的汤匙。莱姆屑则适当地减缓了糖蜜的重口味，为料理增添清新。大师级的阿德里亚为一般百姓撰写的食谱书《厨神的家常菜》（The Family Meal: Home Cooking with Ferran Adria），亦将凤梨佐黑糖蜜和莱姆屑列上去，看似简单的一道小菜，三种口味相佐相成，竟玩出另一种风味。

　　阴阴冬日，读着这本书，实在太想来块令作者神往的黑糖蜜蛋糕了。我左估计，作者设计的食谱号称简易，橱柜里的黑糖蜜得以趁机解决掉，蛋糕成品又是架势满满，可轻易赢得赞赏。真美好！再右算量，做甜点得小碗这、大碗那，小匙来、大匙去，器皿洗不完，蛋糊又黏滴滴，清理颇耗水。太沧桑！唉，不想计较下去，就当洗涤工作是饱食后的

＊黑糖蜜

＊黑糖蜜优格蛋糕佐香草冰淇淋

健身吧，也是好事。

这份黑糖蜜食谱除了有基本蛋糕材料外，尚含姜、丁香、肉桂，以及与黑糖蜜芬香相和相提的黄糖。黑糖蜜用的是惯见于烘焙的非硫化淡黑糖蜜，若想蓄意强调黑糖味，可以中黑或深黑款替换，唯要留意的是深黑有浅苦。我即兴加了优格，不外借着它提高中筋面粉蛋糕的湿润和松软。自我得意的念头，仿如为我敲锣打鼓，奏场"全盘皆胜"的戏码。

将所有材料混合成蛋糕糊，倒入烤模，进烤箱烘烤，轻轻松松。才一会儿，屋子便弥漫着香气，糖蜜香和肉桂香尤为胜出。45分钟后蛋糕出炉，先放个20分钟，稍稍冷却，可我按捺不得，马上切了一块，再覆盖一球香草冰淇淋，来招冷热对决。暖烘烘的蛋糕黑得泛光，绵密软湿的黑糖味透着渐进式散开的香，醇厚饱满的滋味确是独特。遇热微溶的冰淇淋，反成了佐蛋糕的酱汁，在盘上、在口里缠绵。若嫌冷，撒点糖粉和碎核桃，舔着、嚼着，一口接一口地吃，卷在沙发上继续读小说，偶尔停下来，只是想收拾蛋糕屑，那是嘴馋的证据。

行笔至此，脑海缓缓出现一幅影像：小小的厨房屋，坐落于庄园另一端，墙正中有个大壁炉，几只铁锅吊挂在炭火上，下面闪闪地开着火花，上面扑扑地冒着热气。阴暗的角落地上，有张简陋的小睡垫，上面坐着一位红发小女孩，抱着小玩偶。她不孤单，因为有黑人家庭陪伴，彼此的感情如黑糖蜜般浓。

《厨房屋》

The Kitchen House

作者／凯萨琳·葛瑞森

Kathleen Grissom

译者／廖绣玉

出版／远流出版公司

黑糖蜜优格蛋糕

〔9 英寸 / 8 人份〕

食材

○ 1 杯原味优格

○ ½ 杯黄糖

○ ½ 杯黑糖蜜

○ 3 颗蛋（室温）

○ 1/3 杯芥花油

○ 2 杯中筋面粉

○ 1 小匙泡打粉

○ ½ 小匙苏打粉

○ 1 小匙肉桂粉

○ 1 小匙姜粉

○ ½ 小匙丁香粉

○ 1 小撮盐

○ 适量糖粉与烤核桃（可无）

做法

---

① 预热烤箱摄氏 175 度（华氏 350 度）。

② 9 英寸蛋糕烤盘底部铺上烘焙纸，纸上和盘边均抹一层薄油，置旁备用。

③ 原味优格、黄糖、黑糖蜜、蛋、油放入一大碗搅匀。

④ 另一碗将面粉、泡打粉、苏打粉、肉桂粉、姜粉、丁香粉和盐混合。

⑤ 将④加入③，用抹刀和匀，千万别用力，也别和太久，更不要用电动搅拌器，否则面粉会很顽固地跟你对抗而出筋，蛋糕的松软度就会受影响（注：不要让蛋糕糊有白色面粉即可，一点点的小颗粒是没关系的）。

⑥ 蛋糕糊倒入蛋糕烤盘，置烤箱烤约 35 ～ 40 分钟，或用牙签戳进去，拔出来看是否有黏糊，若无，即烤好了。

⑦ 先让蛋糕（连同烤盘）凉却 10 ～ 15 分钟，再脱盘。食时，撒些糖粉或捏成碎块的烤核桃。

欧·亨利

冬

之六

炸 凤 梨 佐 山 葵 优 格 酱

沈 倩 如

整理电脑相簿，准备备份，看到一张凤梨翻转蛋糕相片。那是我第一次做蛋糕。想起当时，我表面冷静地量食材重量，内心热切地喊着"失败是成功之母"。那份食谱写得极简，我这生手毫无烘焙经验，更别说技术了，只匆匆上网找教学短片来速成。蛋糕出炉后没啥信心，不知里层是干或润，假心假意请家人尝尝，有人点头大赞好。得意有余，好一阵子，我每隔几周便烤个蛋糕，烤得我敢大言不惭地用"贤惠巧手"来形容自己。

这翻转蛋糕算是给我很大的烘焙信心，启发我对面粉的兴趣。当然，最大的成就莫过于亲友尝后的满足表情。后来在一场工作面试，我还跟面试官说，烘焙于我，有疗愈效果，在揉叠搅拌的过程中，得到精神全然放松。

但，写作和阅读的启蒙，就有点被动了。小时候，常被派遣参加大小竞赛，查字典、作文、阅读、演讲、朗读……全都来，对我而言，它们有被动的无奈，了无欣悦。只不过，几场下来，台上敌手变成台下朋友，有时比赛反像是朋友聚会般欢喜。话说回来，这些赛事的确有潜移默化的效用，几年后我才了解。

上了初中，国文老师要每人准备一本小册子，每读到好文好句，记下来。小女生总爱优雅的文句，在小说、散文、诗词中想象自己，无来由地陷入意境中。那时候，我们专注心神读字，看见心动的，相互通报，中意者拿出笔记本，诚心诚意抄下，像写日记似的，把刹那间涌出的感动与美好留下。周末，三五成群骑单车到书店看书，印有王子与公主般人物的书签也不放过，因为我们知道，图案旁会有几行诗意盎然的句子，有我们的梦幻情怀。

记录文字的习惯延续了几年，上面的文字从梦幻诗句变成写作技巧及心仪作家风格。最早期的笔记本，已不知哪去了，最后一本还在，后面几页记着欧·亨利（O. Henry）的短篇故事撰写要素，并告诉自己，要先学会掌控文字，发挥空间自由，笔尖方能写下传神。有趣的是，一旁还抄下他在《莲与瓶》为威廉准备的早餐：鱼翅汤、炖陆蟹、面包果、水煮鬣蜥、酪梨、新鲜凤梨、红酒和咖啡。旁边注解写着：以后，我一定要住海边，完全的碧海蓝天，时间是多余的；饭厅得面着海洋，我要边用餐、边看海；往沙滩的斜坡路两旁得有柠檬树和橙树，海风徐徐，叶绿花香。这个笃定的注解塑造了我多年的梦想未来。

欧·亨利为19世纪末、20世纪初美国知名短文作家，作品多以普罗大众生活为背景，结局却往往出人意料，颇具戏剧性。屡次读他的故事，老觉得已经跟着他的文字铺陈，一步步走向结局了，他却来个转弯，不由得回头把故事重读一遍。几回下来，被害得有经验了，会想推敲这双关语用意何在，埋伏的机关在哪。读读停停的，还真烦。不过，阅读还是自然点，不多想，就任他把惊讶丢过来吧。讨厌的是，一口气读完，末了又难免来个"咦！""欧·亨利式结局"，不是随便冠上的专有词。

＊最后一叶

用字简洁传神是他的另一特点。温馨、幽默、悲伤、隐痛、讽刺，在文字间流畅游走，敏锐的观察力几乎是天生，触角无所不伸。不单是故事内容，标题里的比喻与典故，同是意趣深长。他像人群里的当事人，像抽离故事的旁观者，文字，不论漠然或亲切，读来有种透彻淋漓的醒悟。

如果，一天只有半小时读书，就读欧·亨利吧。他有几篇故事早是耳熟能详，是你小时候一定读过或听过的。

《麦琪的礼物》讲的是一对穷困夫妻，在圣诞节前一天，各自变卖身上唯一的价值物品，买了礼物给对方。太太卖掉引以为傲的秀发，买了表链，好让先生搭配金表。巧不巧地，先生把金表卖了，换来太太渴望已久的梳子。自己最贵重的物品没了，礼物自派不上用场，可是，那体贴的深情，却没有任何礼物可及。"麦琪"是耶稣出生时，从东方前来送礼的三名贤人之一。欧·亨利以"麦琪"这个圣诞送礼的典故，引出夫妻为对方牺牲以至于无法享受礼物，看似傻，却是聪明。收与受之间，他们看到爱，知道彼此珍惜的心。

《警察与赞美诗》是流浪汉想到监狱避冬的故事。这位无家可归先生，想吃牢饭过冬，但他是有自尊心的，不想白吃白住，便做了点小犯罪作为代价。恨就恨在，他的举动一直无法引起警察的注意。气馁之余，他在教堂听颂歌，头脑大醒，决定洗心革面，不料，当下，警察以游荡之罪将他送进牢房。竟然，啥都没做，就被关了。街头不

＊凤梨翻转蛋糕

311

＊炸凤梨撒糖粉和青檬

自由，监狱样样有。

《最后一片藤叶》里，卧病在床的女画家，将生命的希望与意志，全交给狂风秋雨中的藤叶。当最后一叶凋零，她也将随之而去。那片叶子，似懂非懂地，久不掉落，她便好好活了下来。然而，哪有叶不凋？这究竟是怎么一回事？读了，便知晓。

《未完成的故事》可说是我的最爱。说故事的人即将接受上帝审判，他杀人放火，却认为其罪孽还不如那些剥削廉价劳工的资本家。他说的是工资微薄的百货公司女店员达尔西的生活。刚工作时，一周仅挣5美元，面对有钱人的诱惑、老板的榨取、假想人物的批判眼光，她内心的矛盾对话，令人玩味与深省。

欧·亨利的写作方式就像我的烘焙启蒙"凤梨翻转蛋糕"，战战兢兢的结果。制作这款蛋糕的秘诀在于，先将奶油、蜂蜜、莱姆酒、香草及黄糖混合成黏糊糊的抹酱，像上底妆似的均匀抹在烤盘底层，一来提高水果甜度，二来好让水果顺利脱盘。打好了底，凤梨绕着圈圈、环状排开，仔细妆点。面糊最后倒入，抹平表面，小瑕疵无妨，清新自然才好。烤箱烘烤、出炉后，冷却20分钟。接下来要做的事，与功力高深与否无关，纯粹考验果断行事的能力。用刀循蛋糕边缘绕一圈，不犹豫，不拖拉，爽快划，才能将之与烤盘分得干脆利落。紧跟着，调好呼吸，拿个大盘盖住烤盘，迅速翻转，轻轻掀开烤盘。Ta-da！

酸酸的水果最适合翻转蛋糕，与甜甜的奶油黄糖抹酱，相配得宜，也不至于过甜腻人。翻转时更是有趣。你无法确定那堆得漂漂亮亮的凤梨，能否在倒扣中，依然是规规矩矩的模样。之前没注意你摆盘的人，看你翻转的动作，再看那层闪着橙黄光芒的水果，满脸会是惊奇。切块盛盘，近着看，烤过的凤梨润盈饱满，若只想把它们挑出来，张口咬去，绝对没人会怪你。

欧·亨利曾因被控侵占银行公款，而遭逮捕，家人出钱为他保释，他却在审讯当天，先逃到新奥尔良，再到洪都拉斯。他在多篇作品写了凤梨，又为洪国冠上"香蕉共和国"的名号，想必躲在那的六个月，该是看尽、吃遍了这两种水果。不过，即使他可能在当地尝过凤梨皮发酵制成的凤梨醋，或凤梨香料酒，我几乎可以确定的是，他没吃过凤梨翻转蛋糕。

《未完成的故事》里的女店员达尔西领着 5 美元周薪，允许自己每周日痛快享用 25 美分的小牛排和炸凤梨块，再豪爽地给出 10 美分小费。那时，杜尔公司还未发明将凤梨完美切圈的机器，没得大力促销凤梨圈罐头，继而把凤梨翻转蛋糕推举为美国经典甜点。要不然，达尔西难得上馆子，奢侈款待自己的，将会是一块甜滋滋、酸柔柔的蛋糕。

至于欧·亨利是否尝过加了香蕉的炸凤梨，我就不得而知了，倒是他来自南方，那儿有传奇的蜂鸟蛋糕，巧妙地将这两种水果结合。我这帖裹了香蕉泥的炸凤梨，咀嚼间有柔媚的香蕉味，食时，配上山葵优格蘸酱，酥脆玉润里落下微甜辛辣，相得益彰。再试以另一款热带口味，轻快撒上糖粉和青檬屑，画龙点睛地清亮了油炸，相对映照，确有一抹甘爽。山葵、青檬或香蕉，我在里头玩弄想象，期许能为炸凤梨增添风味转折，若将它唤为"欧·亨利炸凤梨"，不知这位短文大师可也会来个"咦！"

《欧·亨利短篇小说选》

Short Stories of O. Henry

作者／欧·亨利

O. Henry

译者／丁宥榆

出版／寂天文化

炸凤梨

〔4 人份〕

食材
————

○ 1 杯中筋面粉

○ 2 大匙细砂糖

○ 1½ 小匙泡打粉

○ ½ 小匙盐

○ 1 颗蛋

○ ½ 杯 +1 大匙牛奶

○ 1 大匙芥花油

○ 1 根香蕉（用叉子压成泥状）

○ 10 片罐头凤梨圈或半颗凤
　 梨量的新鲜凤梨块

○ 适量芥花油（油炸用）

做法
————

① 凤梨块（圈）抹干，备用。

② 将面粉、糖、泡打粉、盐混合。

③ 蛋、牛奶、芥花油、香蕉泥拌匀。

④ 将上述 ③ 加入 ②，轻拌成面糊，勿过度搅拌。

⑤ 锅中热油。

⑥ 凤梨裹上面糊，入油锅炸至两面金黄。

山葵优格酱

食材
————

○ ½ 杯凤梨汁（取自凤梨罐头或
　 新鲜榨取）

○ ½ 小匙蜂蜜

○ 1 小撮姜粉

○ ½ 杯优格（酸奶油亦可）

○ 1 大匙山葵酱

做法
————

① 凤梨汁加蜂蜜和姜粉，以中小火煮到收汁
　 一半，约 ¼ 杯，于室温冷却。

② 优格加凤梨汁，快速搅拌，再入山葵酱拌匀，
　 即成。

③ 此酱可搭配洋芋片、沙拉。

厨房的女儿

辛辣热巧克力

沈倩如

故事是这般来的。作者想塑造个热爱食物与烹饪的女子,可她封闭在自我的世界,无法借由食物分享,与周遭的人联结。害羞内向是不够的,得有难以克服的障碍,亚斯伯格症候群便加了进来。社交困难,如何取得一般读者认同?于是,故事就从双亲的葬礼说起。一个被悲伤包围、想尽法子控制情绪的女子,她的行动反应、情感收发,谁说她不正常?

这是《厨房的女儿》(*The Kitchen Daughter*)的配方:几撮苦、几滴酸、几匙咸。平衡了浓腻,清亮了甜美,烹调出生活的多味。

父母葬礼后,过多亲友涌入,扰乱了吉妮熟悉的生活模式。她害羞,社交窘困,凡眼神、身体接触,均使她退缩。不安中,唯一的解脱是食物。她躲到厨房,拿出祖母的面包蔬菜汤食谱,有顺序地拿出工具,先把刀面放在蒜瓣上,拳头往下拍,接着,洋葱中间切半去皮,刀刀切下,手指跟着往后挪,菜刀与砧板一上一下,大蒜和洋葱放锅里,热油中嗞嗞作响,足球形农夫面包切方块……对患有亚斯伯格症候群的吉妮而言,厨房像无形的摇篮怀抱,做菜的声音和动作,充满节奏和韵律,隔离了外头噪动。汤煮好了,柔滑、安抚、辛香缓缓散出,旁边却出现已过世20年祖母的亡魂,消失前,她抛下警语:"别让她。"

吉妮首先认定,祖母亡魂警示中的那名女子,是一心想卖掉旧家、坚持她看心理医师的妹妹亚曼达。在与妹妹抗拒的日子里,她发现,父亲的旧物盒里,有多张同一位陌生女子的相片,壁炉里,藏有一封

多年前父亲要求母亲原谅的信件。既然借由料理已逝亲友的手写食谱，可以唤出他们的魂,她决定把父母召回。但,与其说是为了解谜而召魂,倒不如说是想面对幽幽往事,一解长久以来无法开口的疑惑。

成长过程中,吉妮对母亲是有心结的,两人在"正常"的定义里折腾。她认为,母亲控制了她生活所有,为她做决定,不论她喜欢与否。无法体会的是,母亲为了不让她被贴上"病症"的标签,奋力将她向外推,逼她面对外在世界,却又得想办法保护她,进退间,还得独自承担里里外外的阻力与压力。相对之下,父亲是安静的,有逃避,有爱莫能助,也有歉疚。

吉妮有本"正常之书",里头是含"正常"两字的报章专栏剪贴。当她对周围感到焦虑,便翻阅这本书,找寻"正常"的意思。自然地,每个人在不同状态下,对"正常"都有不同的定义。它提醒吉妮,跟别人不一样,不代表不正常;别人眼中的正常,不见得适合你。答案,自己得去找,没有标准。

"正常"的定义是啥?与大众相同或在一个既定模式里的即是"正常"?大抵,我们都活在为"正常"设限的日子里,当个"正常人"。心情不好时,便在自己的舒适区里,循着习惯,找到安全感。说是离群也好,说是躲避也罢,反正在自我筑起的围墙里,自我先慢慢平衡。人人都是个体,他是他,我是我,你是你,不附属于一个圈子或团体。当选择不扮演传统社会赋予我们的角色时,能接受我们原始个体的人,

＊意大利面包蔬菜汤制作

依然爱我们。有了这么的认知后，才能往前迈出一大步，安心地前进。

这本小说的文宣多以鬼魂的故事来吸引读者，然最让我在细细品味中感动的是，拓宽吉妮心灵版图的葛特和大卫。

葛特的犹太父母因躲避大屠杀，从罗马尼亚逃到古巴。成年后的葛特，为了离开革命中的古巴，匆促嫁人，而来到美国。不美满的婚姻，带着两个幼儿，有了吉妮母亲适时的援手，她才得以逃离丈夫，独立生活。心存感恩的葛特，每周定时来吉妮家打扫，多年来，已是吉妮封闭世界中不可变更的常数。走过悲伤，葛特素淡坚强，从助人得到快乐。偶尔，她会带善于烹饪的吉妮到犹太教堂，帮丧家准备餐点，体认生者比死者重要的道理。

大卫是葛特的儿子，手因车祸受重伤，被吉妮的父亲即时补救修复，心却因太太丧生而破碎。为了报恩，为了转移伤痛，他帮吉妮代购杂货，只不过，他始终走不出悲痛，将自己孤立起来。艰难困苦，结果总是令人唏嘘。吉妮从大卫身上看到将关心的人推得远远的自己，从葛特那里学到对人关怀的柔软。当悲剧上场，两个伤心人，拥有彼此，终究是好事。葛特曾说的。

故事末尾，吉妮逐步走出孤独，不再隐匿厨房，懂得用食物与人联结，知道"别让她"的意思何在。如此结局，让人不感意外，倒是章节前进中，作者安排的几个回旋，不张扬地，倒让人有错愕惋惜、恍然大悟之感。算是加分。

＊新鲜波布拉诺辣椒

烹饪是吉妮自我表达、掩饰的方法,她对食物强烈专注,因此,故事情绪的翻转,便由食物来铺陈。每个章节以料理为题,以手写食谱为开端,有祖母的面包蔬菜汤、外婆的奶油酥饼、母亲好友的乔治亚水蜜桃、医院护士的午夜哭声布朗尼、没有鬼魂的蛋卷、食谱书的香料热苹果汁、母亲的比司吉佐肉汁、大卫的热巧克力。人事物亦以食物来譬喻。如她形容骄横又有保护欲的妹妹亚曼达,有着像柳橙汁般的声音,酸酸甜甜,既刻薄又抚慰;爸爸的声音像番茄汁,滑润中带酸,还有点金属味;妈妈的声音像绿薄荷,干净清凉,笑声像爆裂中的口香糖泡泡。在焦怒的情绪里,她也让自己完全迷失在食物中。想象巧克力融在口里的浓郁湿润、熟成的羊奶起司缠绕舌头的口感、意大利面团揉醒后的丝绒般触觉。

＊安乔辣椒

整本书读来，像是用食谱和家庭故事串联的饮食文学。篇篇食谱，写得简单，内文里，有吉妮引导烹调。阅读中，很容易便随着文字，闻到味道，想象口感。托斯卡尼面包蔬菜汤，有祖母版和吉妮版，后者的做法让我很感兴趣。一般是将剩面包与汤齐煮，吉妮则是在饮汤前，才将橄榄油炒过的面包丁和起司撒上，很合不爱将面包直接放进汤里的人的口味，吃来还能顾及咬感。

不过，最让我好奇的是大卫的热巧克力（hot chocolate）。"Hot"，一字双关，又热又辣，最快暖身。之所以辣，是加了安乔（ancho）辣椒粉。安乔辣椒是波布拉诺（poblano）辣椒干制而成，墨西哥和美国西南料理皆爱用，味道有点像葡萄干，微甜，带点烟熏，辣度偏温和，颜色几近红黑。宽长形的波布拉诺辣椒，甜中带辣，切碎末当佐料，镶肉焗煎，拌炒肉片，慎守本分地提味，不俗地点睛。辣椒与巧克力的结合，在墨西哥实是传统。号称"国酱"的墨雷酱（mole）由洋洋洒洒的多种辣椒、坚果、香草、香料等食材煮成，复杂到无可复加，其中的波布拉诺墨雷和黑墨雷即加了巧克力。几大匙墨雷酱，搭配鸡肉或牛肉，那抹黑的程度，苦、甘、辣，全上了。

回到大卫的热巧克力。他是这么豪气形容的："它不仅不寻常，它更棒，令人惊奇，喝过，你不会想用别的方法做热巧克力。"吉妮教你这么喝它："喝一口，微微张开嘴，像品酒般，通过口里循流的空气，味蕾进一步释放，让空气帮助你品尝。"按大卫的做法，我将一杯热

＊可可粉、安乔辣椒粉、肉桂粉

牛奶倒入小锅中，煮至锅边出现小泡泡，加糖溶解后放可可粉，一点一点加，可可色与可可香渐层调出，撒一小撮盐，最后放一大匙安乔辣椒粉。

辣，我是有心理准备的。第一口下去，那股热虽不至于火呛，却还是喧嚣地把我斥退几步，仿佛在昭告它的势力。待熟悉了辛辣，烟熏味懒洋洋地透出来，裹住巧克力的苦，余韵里有细甜。旋即，辣椒的气势被可可的温文削去些许，奶香略略舒展，渐层地与每个味蕾相遇。饮完，身子热乎乎许久，像是被辣椒粉巧施的魔法圈住。这帖热巧克力，辣得让人一肚子火，肝肠烧得很狂野。上瘾后，我又调制了几回，企图以肉桂粉增添馨暖，玩香料与辣椒的加减游戏，兴起，再来以几颗肉桂糖烤过的棉花糖。看似简单的热饮，加了调味佐料，它会变，会在有限的空间里，散发出不同的气味。

一本书，是食谱的化身；一份食谱，有生活的轨迹。

《厨房的女儿》

The Kitchen Daughter

作者／洁儿·麦可亨利

Jael McHenry

译者／郭宝莲

出版／台湾商务印书馆

辛辣热巧克力

〔2 杯份〕

食材

———

○ 2 杯牛奶

○ 3 大匙糖

○ 4 大匙无糖可可粉

○ ½ 大匙安乔辣椒粉（若无安
乔辣椒粉，可用其他辣椒粉，一
点点加，调出适合自己的口味）

○ ¼ 小匙肉桂粉

做法

———

① 数颗烤肉桂棉花糖（将 1 大匙糖与 ¼ 小匙肉
桂粉混合成肉桂糖，轻裹棉花糖，置烤箱，以上
火烤 1 分钟）。

② 牛奶倒入小锅，以小火煮热，无须沸腾；
放糖，待溶解后，加可可粉，拌匀。

③ 放肉桂粉和辣椒粉搅拌；辣椒粉得依个人
喜好加减。

④ 熄火，倒入杯中，放几颗肉桂棉花糖，即
可享用。

恋食人生：那些来自文学、电影的真情滋味
沈倩如，杨蕙瑜 著

责任编辑　　肖小困
书籍设计　　typo_d

出版发行　　**生活·读书·新知 三联书店**
　　　　　　北京市东城区美术馆东街 22 号
　　　　　　邮编：100010
　　　　　　电话：010 64001122-3073
　　　　　　传真：010 64002729

经销　　　　新华书店

印刷　　　　北京信彩瑞禾印刷厂
版次　　　　2014 年 11 月北京第 1 版
　　　　　　2014 年 11 月北京第 1 次印刷
开本　　　　140mm × 210mm　1/32
印张　　　　10.375
字数　　　　197 千字
印数　　　　8000 册

ISBN　　　　978-7-108-05108-0
定价　　　　48.00 元

图书在版编目（C I P）数据

恋食人生：那些来自文学、电影的真情滋味 / 沈倩如，杨蕙瑜著 .
-- 北京：生活·读书·新知三联书店，2014.11
ISBN 978-7-108-05108-0
Ⅰ . ①恋… Ⅱ . ①沈… ②杨… Ⅲ . ①饮食－文化－世界②食谱－
世界 Ⅳ . ① TS971 ② TS972.18

中国版本图书馆 CIP 数据核字 (2014) 第 165975 号